田中正造と
利根・渡良瀬の流れ

それぞれの東流・東遷史

布川 了
Fukawa Satoru

随想舎

はじめに

利根川は、なつかしくも、時にはこわい川です。坂東太郎と親しまれて、関東平野を、地平はるかに消えて流れる大河ですが、それは人工によって成長したのです。その経緯は謎めいているので、その真相を解きあかすことを試みました。

現在、利根川は銚子沖に向かって東流していますが、かつては江戸川コース（古利根川）を南流していました。それを「東遷」させたのは、江戸幕府で、一六五四年（承応三）に、赤堀川を掘りあげたからというのが定説化しています。実は全く違うのです。それを証明してみました。

少なくも戦国末期から、近世初頭には、大きな流れが、関宿城下をめぐって東流していました。それが古絵図には明記されています。利根川の常識・定説を改めるべきなのです。

利根川には南流・東流の時代がありました。明治になり「東遷」工事が、足尾鉱毒が原因で進行します。まず棒出しが強化されて、利根川の逆流が、渡良瀬川に押込み、鉱毒事件・田中正造の奮闘、そして利根川改修工事で、東遷は完結します。

渡良瀬川は、不幸で非運の川です。坂東二郎として、利根川に亜《つ》ぐ、関東の大河でしたが、利根川に分断されて支流化しました。古来恵みをもたらしてきたものを、近代、足尾鉱山から流失する鉱毒で、死の川・災いの川になり果てました。

田中正造最晩年の、死戦場となった谷中村廃村・遊水池化や、渡良瀬川改修工事・遊水池拡大などを、正造の治水論に拠って記してみました。正造の治水行脚にみちびかれて、渡良瀬川の形成過程をたどってもみました。

敗戦後、最悪のカスリン台風被害は、今もなお利根川治水に、未解決の課題となっています。たとえば、「さまよえる利根川放水路」プランです。利根川流域数百万の生命・財産にかかわる問題に、どう対処すべきか。

田中正造はじめ先人の治水策から、大熊孝（新潟大学教授）の達見に学び、私の拙い意見も付け加えました。

「利根川治水史」は多くありますが、古来からの「利根川利水史」は、いまだありませんでした。それでは利根・渡良瀬の変遷を、正確には把握できないと、私は痛感するようになりました。

小出博の、

常に利水が先行し、治水は遥かにおくれてこれを追うということ。（略）河川には自然史と社会史がある。洪水は河川史のひと齣であり、水害は社会史のひと齣である。（『日本の河川』序言）

を至言とみて、この一節を反芻《はんすう》し続けました。そして利根川の変遷を、治水史観からやっと脱け出して、利水史観に革《あらた》めてまとめました。

そして、もう一つ読んで頂きたいのは、関宿の水路（逆川）についてです。関東水運の要《かなめ》であったこの水路は、未だに近世以降開削として扱われています。いつ、だれが掘ったかが不明だからなのでしょうか。それについて、私の到達した結論は、「縄文海進時の海峡が、その後も残って、舟航が可能だったからだ」です。

そのほかにも、賛否の岐れるところがあると思いますが、利根川・渡良瀬川、そして田中正造などに、より理解が深められることを期待して、御一読、御批評が頂ければ幸いです。

二〇〇四年五月

布川　了

田中正造と利根・渡良瀬の流れ――それぞれの東流・東遷史

目次

第四章 近世初期の利根・渡良瀬改修工事

利根川流域図
（読売新聞 1987.12.15より）

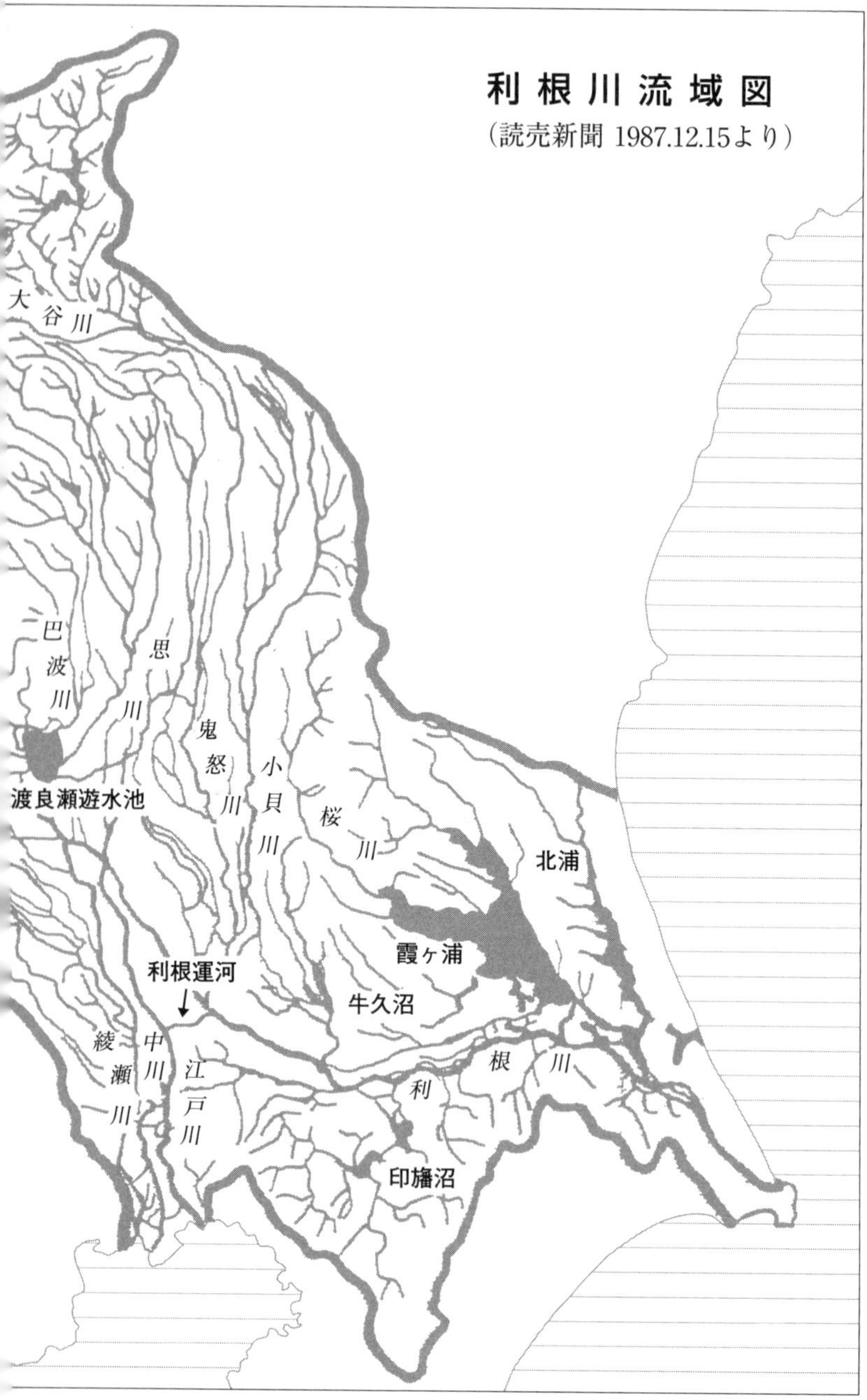

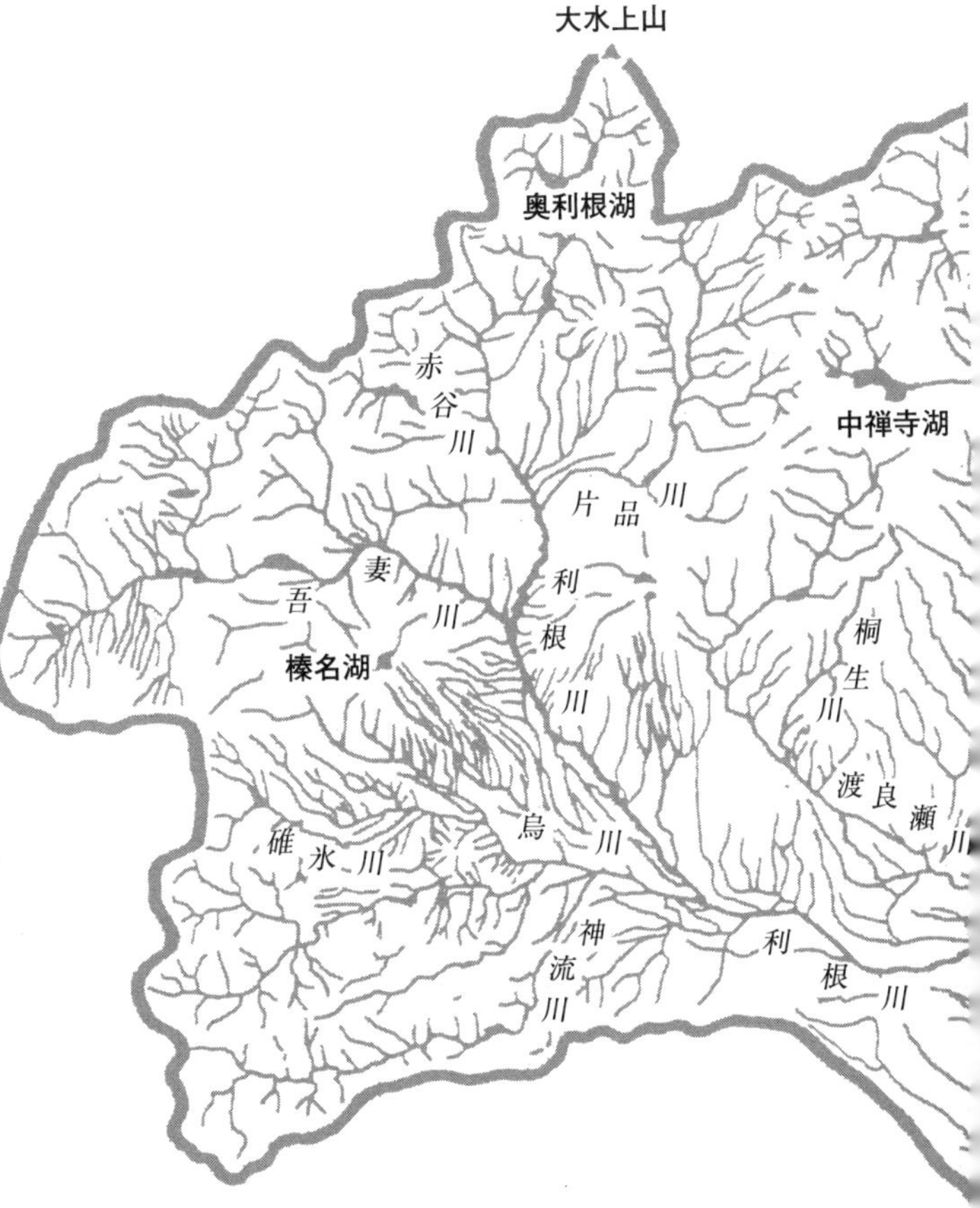

利 根 川

水源は大水上山の標高1,800m付近。流域面積は16,840㎢で、日本最大。長さは322㎞、全国第2位。

『万葉集』で、『刀禰』。近世には「坂東太郎」。アイヌ語の「トンナイ」巨大な谷という意味です。

田中正造と利根・渡良瀬の流れ——それぞれの東流・東遷史

関宿周辺図（田中正造筆）

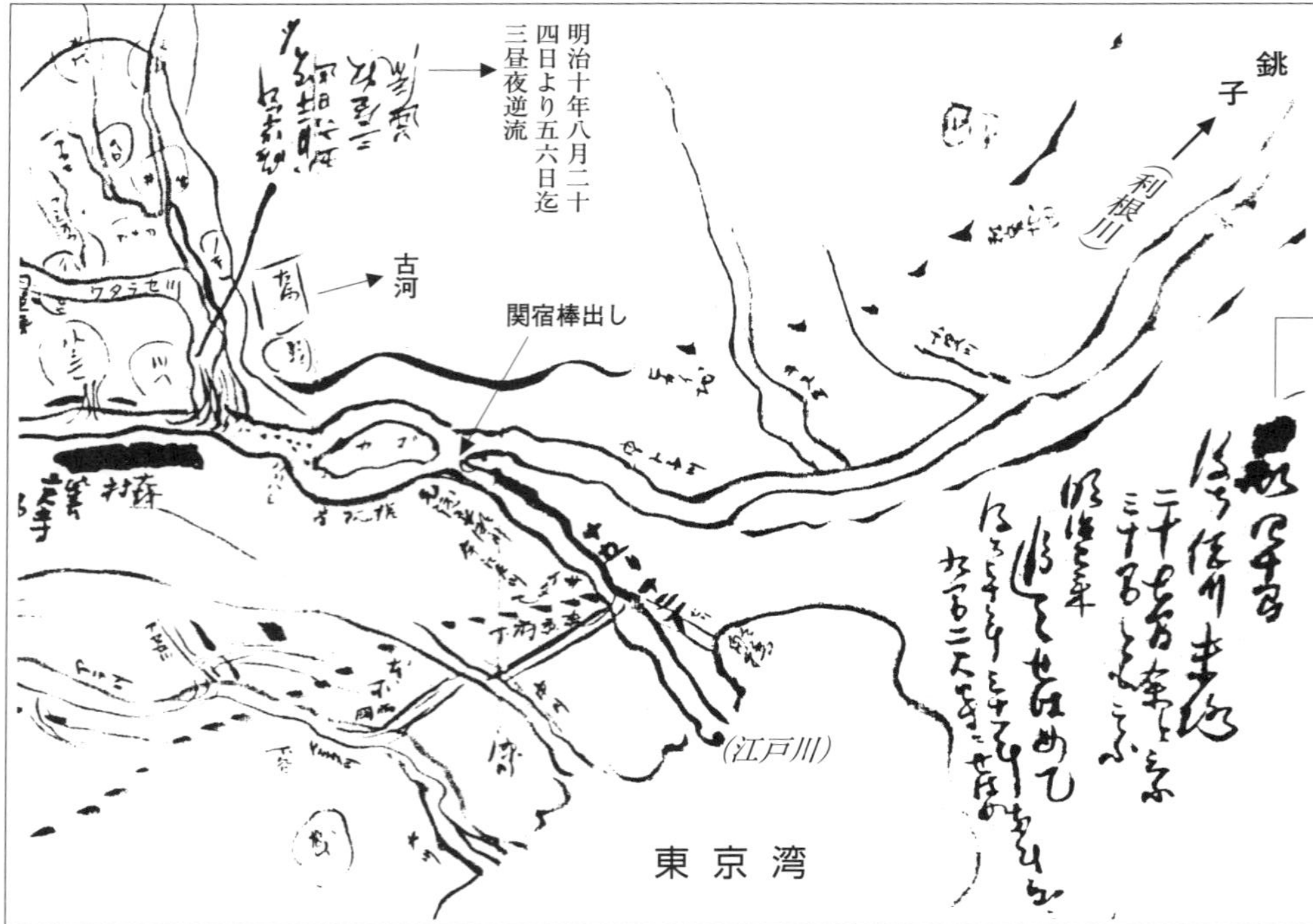

旧形四十間後ち徳川末路二十七間余と云う
三十間とも云う明治巳来追々せはめて後ち三十
年三十一年両年度九間二尺四寸ニせはめ

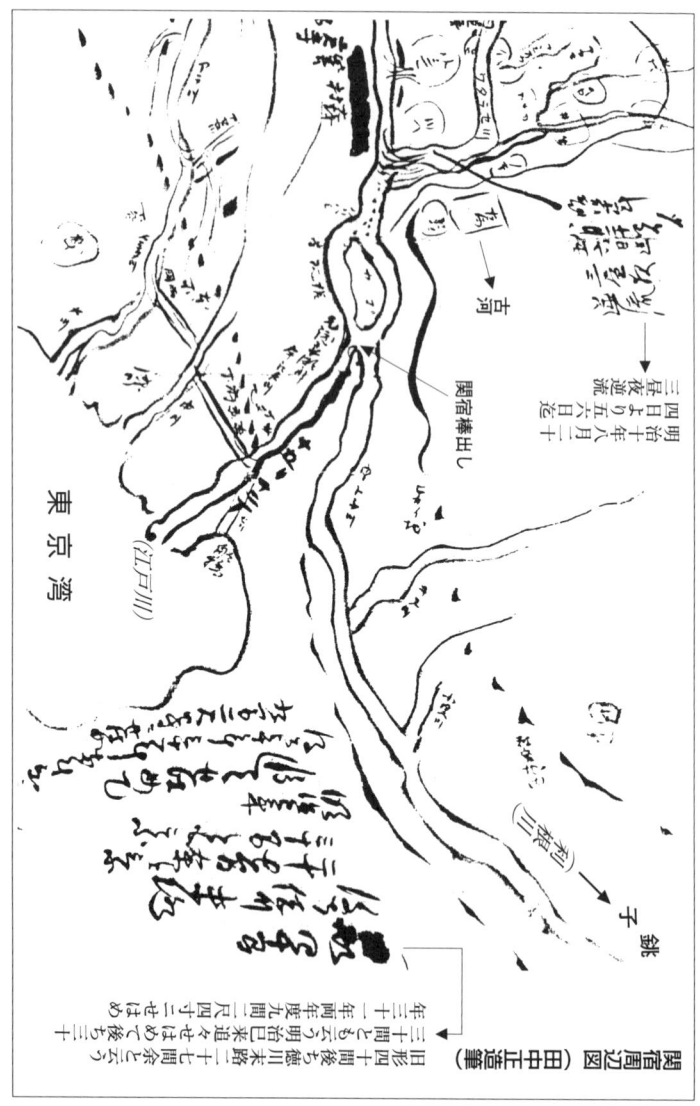

第一章　足尾銅山鉱毒事件と利根川東流・東遷

1　田中正造の関宿呪詛

関宿のさまたげなくバ浪静
　むかし思バ川水ひくし

一九〇九年（明治四二）五月、田中正造は、こう関宿を詠いました。一九一二年（大正元）には、

見よ、河川の一大妨害たる関宿、河川流水の大妨害たる関宿、洪水の最大妨害たる関宿、逆流の製造所たる関宿、洪水沮滞の構成所たる関宿、堤防増築を無効ならしめし関宿、逆流沮滞氾濫影響の長大なる害ハ関宿ニあり。（略）

九月十日朝、古河町田中屋方ニて記す。（『田中正造全集』第一三巻三三〇～三頁、以下『全

集』⑬三三〇～三頁と略記）
と、七度も、関宿を呪詛《じゅそ》（のろう）する文字を書きつけました。何を呪詛したのでしょう。
千葉県関宿町は、関東平野の中央に位置して、古来の利根川・渡良瀬川・荒川・東京（江戸）湾と、常陸川・鬼怒川・霞ガ浦・太平洋をつなぐ、水運の要地でした。近世になり、江戸幕府は利根川を大改修して、江戸川を開削し、流頭部の関宿に関所を設けました。近世後期になり、棒出し（後述）を設けて、流量調節をし、利根川水運の便をはかりました。（図1）
近代になり、足尾銅山が古河市兵衛によって再開発され、東洋一の大銅山と謳われるようになりますが、それにつれて、鉱毒が渡良瀬川・利根川・江戸川を経て、東京湾に流出するようになりました。そこで政府は、関宿の棒出しを、極度にせばめて、鉱毒を防ぐことにしました。二六間（四六・八メートル）の川幅を、九間（一六・二メートル）ほどにしたものですから、鉱毒水は利根川を逆流して、渡良瀬川流域に溢れたのです。
鉱毒事件については、あとで述べますが、この関宿の棒出しこそが、当時の利根川・渡良瀬川治水のガンであり、正造が激しく批難し、はては呪詛のことばを吐くほどになったのです。政府は、この鉱毒事件を処理すべく、利根川・渡良瀬川に大改修工事を施します。その結果、利根川は東遷が確定し、渡良瀬遊水池がつくられるなどしました。こうしたことからも、利根川東遷を考えるとき、関宿の水路（逆川ともいう）・棒出し・鉱毒事件と、それに関する田中正造を抜き

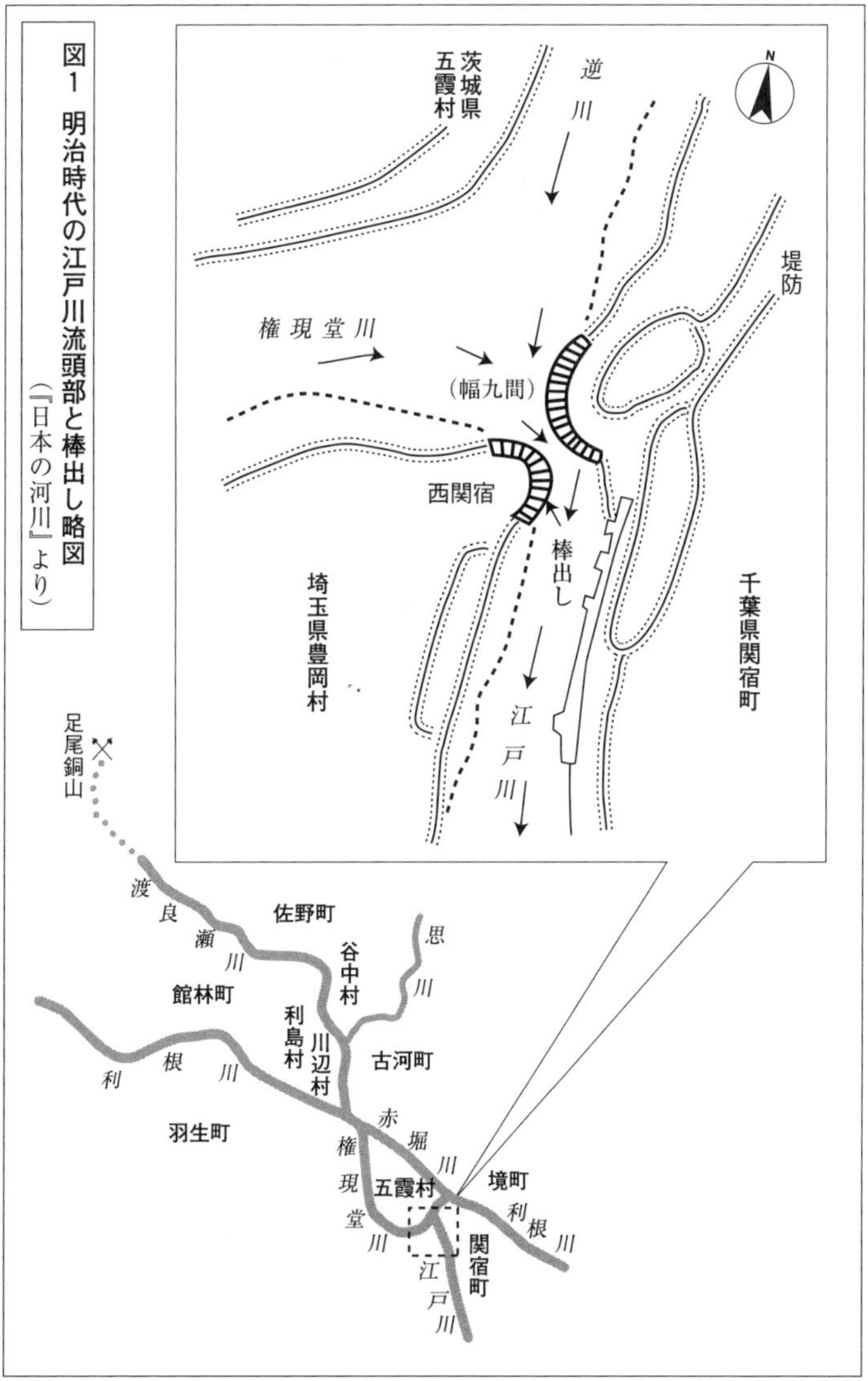

図1　明治時代の江戸川流頭部と棒出し略図（『日本の河川』より）

田中正造臨終の地・庭田清四郎家を見学に訪れた高校生

にするわけにはいかないのです。

田中正造は、栃木県谷中村の遊水池化に反対し、渡良瀬川・利根川の河川改修工事に反対を続けながら、一九一三年（大正二）九月四日、渡良瀬河畔の農家で斃れました。死ぬ朝、木下尚江に、

「どうもこの日本の打ち壊しというものはヒドイもので、国が四つあっても五つあっても足りることではない」

と、苦しい呼吸の間に長大息を洩らし、環境破壊を嘆きました。そして看護責任者の岩崎佐十を、枕辺によびよせて言いました。

「同情と云ふ事にも二つある。此の田中正造への同情と正造の問題への同情とハ分けて見なければならぬ。皆さんのは正造への同情で問題への同情でハ無い。問題から云ふ時にハ此処《ここ》も敵地だ」

正午すぎ、「起きる」と木下尚江にだきおこさせ、ついで「いけねェ」と叱咤して、木下の支える手をこばみ、見守る人々を、しっかりにらみ回して絶息したのです。時に午後零時五〇分でした。

田中正造が、死に臨んで、「正造の事業、正造の問題」にしたのは何だったのでしょうか。それは谷中村復活による人権回復であり、渡良瀬川・利根川の河川改修工事に伴う環境破壊の阻止であり、加害鉱業足尾銅山の操業停止でした。そして、その根本には、日本内外の人民を抑圧する帝国主義国家の発展を「亡国」と断じ、自由民権運動を継承した、平和・民主・福祉国家建設構想があったのです。山を荒らさず、川を荒らさず、人を殺さない真の文明を希求しながら息を止めましたが、瞳の奥には、ゆたかで清冽な、人間と調和した自然の大河として、渡良瀬・利根の流れが映じていたのかもしれません。

晩年の正造が、ひたすら撤去を求めた関宿の棒出しについて述べることにします。

2　関宿棒出しと谷中村

それでは、関宿の棒出しとはどんな物で、何のために、何時つくられ、その後どうなったのか。そして谷中村とどうかかわり、田中正造が呪ったのはなぜかなど、改めて考えてみます。

棒出しとは、いかにも江戸時代らしい即物的表現です。棒杭を両岸から打込んだ水制をせり出

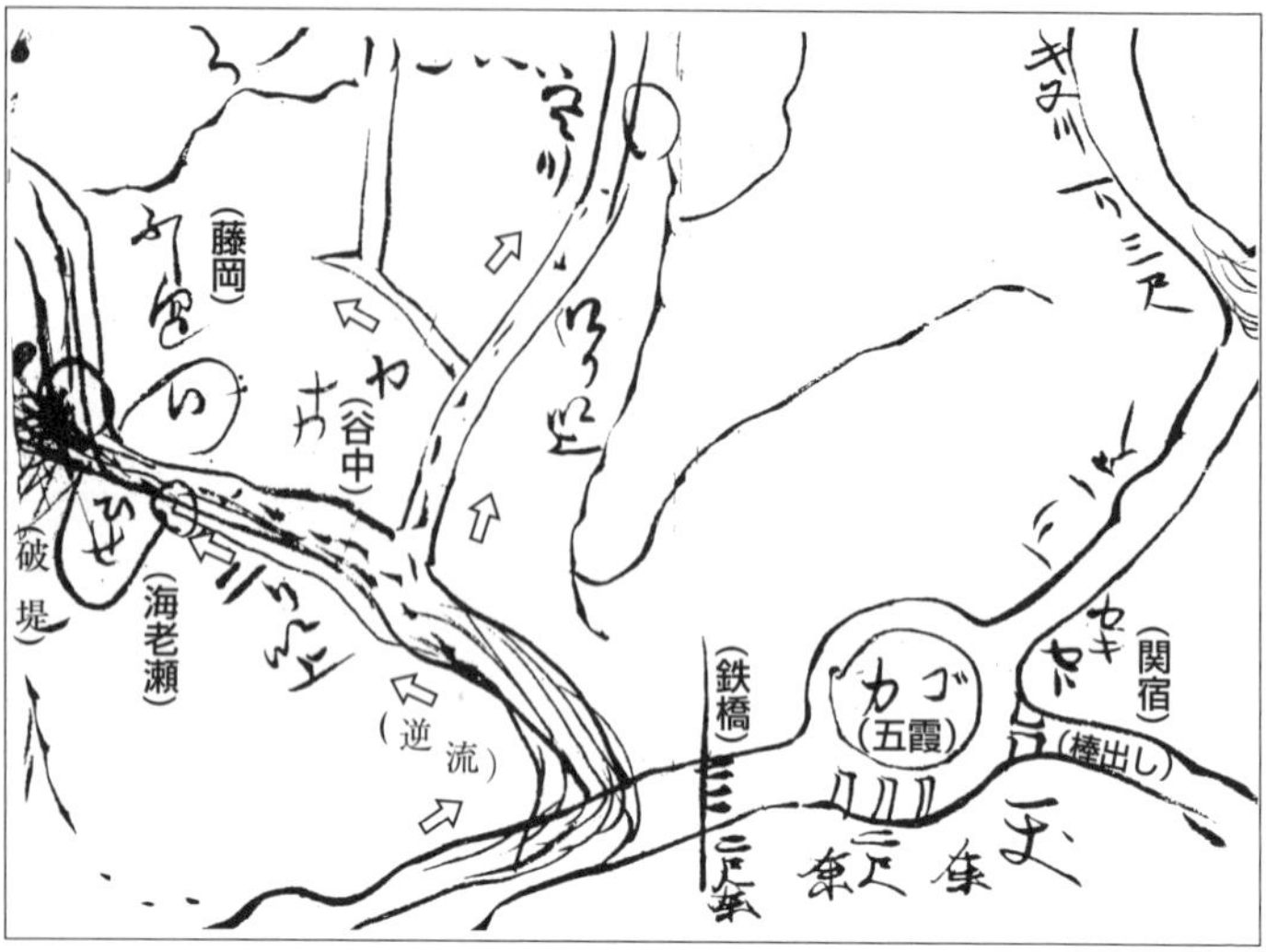

図2　棒出しと逆流・破堤（田中正造作図）

して、川幅をせばめる構造物の謂《いい》です。

創設年代には諸説ありました。たとえば桂太郎総理は、一九〇九年（明治四二）三月、帝国議会での答弁書に、

「関宿棒出は利根川流域に於ける一般治水の目的を以て寛永年間に創設したるものにして」としています。しかし、元禄（一六八八〜一七〇三）頃の「関宿城絵図」に棒出しは記されていませんので、寛永年間（一六二四〜四三）創設は考えられません。

根岸門蔵は天保年間（一八三〇〜四三）であるとしています。江戸川畔の農民石川民部が、二合半領の水禍を免れんがために、献金して、棒出し設置を願い出たことによるというのです。

そして、この動きに、上流域の農民が鋭く対立して、工事中止を幕府に願い出たの

で、江戸川流頭部を、一八間以上とすることで妥結したと伝えられます。（後述）

近年の研究によって棒出しの設置は寛政元年（一七八九）以前であることが指摘されているが（略）、その川幅を一八間（三二・七メートル）より搾《せば》めない約束が天保年間（一八三〇～四三）行われたという（略）。搾めることによって江戸川への洪水の流下が阻害され、上流部に滞溜して水害が生じるという下都賀郡からの主張に対してである。（『アーカイブス利根川』七八頁）

なお、関宿城博物館『常設展示図録』は、

文政五年（一八二二）頃に江戸川の上流部に、棒出しと呼ばれる両岸から突き出した一対の堤が築かれた。（五〇頁）

としています。一七九二年（寛政四）、杭出しが、権現堂川に設置されました。

さて、何のための設置だったのか。これまで多くは、江戸川中・下流域（江戸とはいえない）の水害対策と説明しています。また、二合半領農民が願い出たからといっても、利根治水全般に関係することですから、それは設置の口実でしかありません。宝暦（一七五一～六三）治水の方針変更に、利用したのが伝承されたのかもしれません。水害対策からすれば、むしろ権現堂堤を撤去して、古利根川筋を浚った方が、遥かに効果的です。治水対策ではないとしたら、いったい何のためか。『展示図録』の解説では、

棒出しの設置により、権現堂川から江戸川に流入する水量を減少させ、その流水を逆川に押し上げ利根川に流入させようとしたのである。これにより、江戸川中・下流域の水害は幾分緩和されたが、逆に権現堂川や赤堀川流域の水流が滞《とどこお》りがちになり、流域での水害が増加した。

と続きます。これでは、まっとうな水害対策事業とはいえません。棒出し設置目的は、江戸川に流入する量を抑えて、「逆川に押し上げ利根川に流入させた」ので、次の文の、

利根川・逆川・江戸川の水量を一定に保つことが容易になったため、河川交通の面でも重要な役割を果たした。(『展示図録』五〇頁)

ということにあったと理解すべきなのです。
後述しますが、江戸川は、ほぼ古来の利根・渡良瀬川筋を流れるので、開削以来、年々上利根

川の水量は、自然の水理に従い、江戸川に流入するようになりました。そのことは、必然的に下利根川の水量減少となり、銚子方面から遡上する舟が、航行しにくくなります。

寛永年間の大工事では、上利根の流れは、渡良瀬を併せて権現堂川を南下し、東に向けられて、関宿で、さらに北に曲げられました。即ち逆川です。ところが北流して下利根に注ぐはずが、やがて南流して江戸川に流入するように変わりました。それのみか、赤堀川の主流まで、逆川へ入り、江戸川を流下するに至り、常陸川の水量が減少してしまい、下利根川を遡上する大船は、関宿に着けなくなりました。

そこで、宝暦調査（後述）の段階では、まだ問題にはしていなかった棒出しを設置して、南下したがる上利根の水を、常陸川へ押し上げざるを得なかったのです。さらに、一七八三年（天明三）の浅間山大噴火、一七八六年（天明六）の大出水で権現堂川河道が不安定になると、一七九二年（寛政四）、一八〇九年（文化六）、一八三九年（天保一〇）と、権現堂川呑口の杭出しを強化します。同時に一八〇九年（文化六）には、赤堀川を四〇間幅に拡幅します。

千本杭といわれるほどに杭出しを強化するとともに、おそらく棒出しも、石川民部等江戸川下流の嘆願を口実に、さらに狭めたのです。なにしろ天保期の利根川の流量（図3）は、

赤堀川が四〇間に開削された以降の一九世紀だが、利根川の水は通常時において赤堀川へ七割、権現堂川へ三割流れ込んだ後、赤堀川の水は逆川へ七割流れ、中利根川へは三割しか

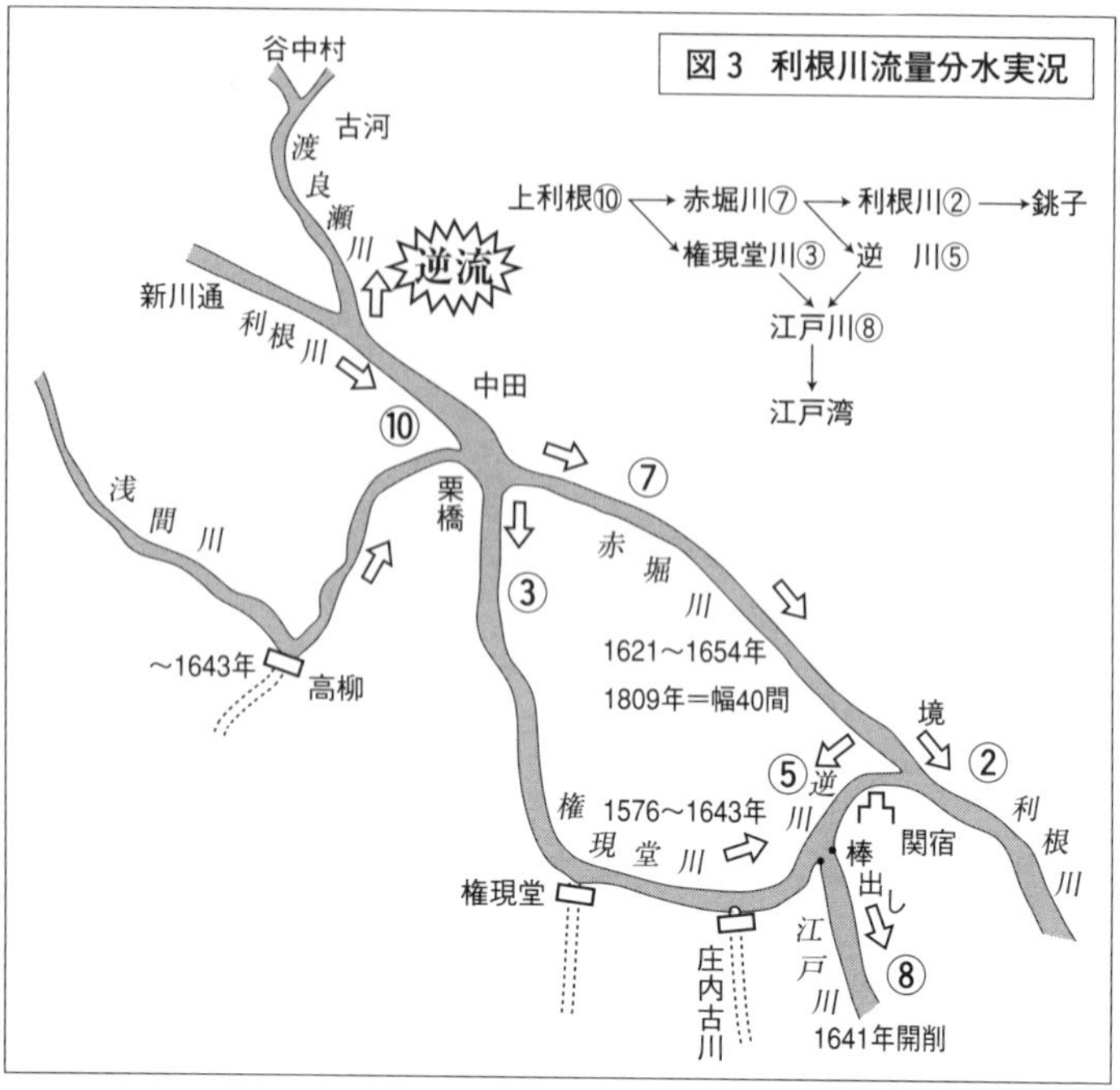

図３　利根川流量分水実況

流れなかった。結局、中利根川へは上流の水の二割しか流れなかったのである。（『アーカイブス利根川』三八〜九頁）

こんなわけで、舟航も一七八一年（天明元）には、関宿城下の逆川が浅瀬化していたために、下流から栗橋まで遡り、権現堂川を回って、関宿関所から江戸川を下るコースをとるようになります。さらに中利根川に浅瀬が出現し、遡上しにくくなって難渋を極めるようになりました。

幕府としては、棒出しをさらに強化して、平水時に江戸川八割を七割以下に、中利根二割を三割以上に確保せざるを得なかったのでしょう。江戸川下流農民の嘆願は、よい口実になったと思われます。

棒出し強化による逆流を嫌った上流域の農民は、下宮村（後の谷中村）名主を先頭に、反対運動をしたので、棒出し間を一八間より狭くしない条件で、幕府は妥協させます。この際、一八三八年（天保九）の合の川・浅間川締切りや、一八四二（天保一三）の千本杭撤去、さらに赤堀川呑口の拡幅等も織り込まれていたことも想像されます。

ここに、棒出しと谷中村の関係が始まります。古河藩から、一八六八年（明治元）に江戸川流頭の「土出し」「乱杭」を除去するよう嘆願しました。でも、これは上流域にとって容認範囲のものではありました。後に谷中村残留民が、貴衆両院に宛てた「元谷中村回復請願書草稿」中にも、

問題の中心たる谷中村は栃木県下都賀郡にあり、徳川氏の時代利根川の流域を変更して渡良瀬川及鬼怒川を合せてより漸々水害地となりたるものなり。（一九一〇年二月、『全集』④四三一頁）

と、徳川氏の利根川流域変更を問題にしてはいますが、棒出し強化問題は明治政府のこととしています。田中正造も「むかし思バ川水ひくし」と詠んだごとくで、「関宿のさまたげ」を、一八

九八年（明治三一）、幕府時代の棒出しを幅一八間以上とする取りきめを、破りすてた明治政府の暴政をにくみ恨んだのです。

一九〇九年（明治四二）、正造の要請で正造の友人島田三郎代議士は、「破憲破道に関する質問趣意書」を衆議院に提出しました。その中で、棒出しに、批難をあびせます。

島田三郎

流水は上より来て下に行くものなり、之を中途に妨ぐるは治水の順法にあらず。況んや河川の中流に高く石堤を横へ河底も亦「セメント」を以て埋築し、僅に舟船通行の間隔を存せしむるに過ぎざるが如きをや、其甚しく洪水の流下を妨くるは蓋し当然也、然り、千葉県関宿に於ける此愚なる施設は、延て利根川の大水を遮り、湛へて渡良瀬川に逆流せしめ、上流十余里の地点に及びて渡良瀬川の鉱毒を氾濫せしめ（略）、以て多数町村の損害を甚大ならしめつゝあり、（略）此の如く河水を上に向て流れしめ、下より上に水害を被らしむるは、誠に古来未だ聞かざるの珍たり。（『栃木県史』史料編・近現代九、一〇九五頁）

こんな愚なる棒出しは、はやく撤去せよと迫ったのです。それに対して内閣総理大臣桂太郎は、翌二四日に答弁書を出していますが、それはあきれた内容のものでした。

関宿棒出は利根川流域における一般治水の目的を以て寛永年間創設したるものにして明治十年従来の水量を維持し和蘭工法に従ひ改築し爾後《じご》損害を受くる毎に復旧工事を施工し来れるものなれば従来に比し洪水の疎通を妨ぐることなし。（同前書一〇九七頁）

桂　太郎

なんと歴史的事実を歪曲した答弁であることか。江戸幕府が創設し、オランダ工法で改築したもので、明治政府に直接責任はないと強弁し、鉱毒流下を阻むために、棒出しを強化した事実にはまったく触れず、「従来に比し洪水の疎通を妨」げてはいないとまでシラを切ったのです。

直訴事件の衝撃を、鉱毒調査委員会を設置し、谷中村を遊水池化する方向でそらしたうえ、渡良瀬川改修工事をエサに、上流被害民を正造から離反させた明治政府にとっては、島田三郎の質問も、正造の呪いも、まったく意に介することはなくなっていたのでしょう。

かくして、谷中村はほろぼされ、さらに拡大された遊水池の中に、永遠に没してしまいました。

一九一〇年（明治四三）、正造に従って、棒出しを視察した島田宗三は、

1910年（明治43）、水害視察の県議会議員・碓井要作に説明する田中正造（藤岡町河内屋にて）

> この関門の上と下では水の落差が甚だしく、滝のような激流となっているので、平日で舟一艘に付五十銭の曳賃を取り、人夫十二人交替、八人巻の鯱巻《しゃちまき》（河口の上手に大きな枠のついた歯車状のものを据付け、その中軸に曳舟の綱を巻きつける機具）で回漕船の往復をはかるという始末。（『田中正造翁余録』上二八一頁、以下『余録』と表記）

と描写しています。

この棒出し設置については、第五章「水運と水災の相克による変化」でくりかえすことにします。

3　利根川東遷は「承応三年」ではない

一九一三年（大正二）一〇月、渡良瀬川沿いの農民たちは、正造の怨念を知る者知らぬ者数万が佐野の惣宗寺に集い、葬儀を営みました。そして六か所に分骨し、祀ってきています（従来五か所とされてきましたが、平成になって、足利市野田町の寿徳寺にも、ひそかに分骨されていた事実が、住職によってあきらかにされました）。

正造を供養することは、いまも続いていますが、その治水思想はじめ、人権・平和・環境等々、「正造の問題」については継がれず、「義人」だけ伝承されました。

1989年（平成元）に発見された分骨地のひとつ寿徳寺（足利市）

利根川東遷にしても、鉱毒とはまったく無関係に語られてきました。定説化しているのが、「一六五四年（承応三）赤堀川通水で完了した」ということでした。たとえば国土交通省関東地方整備局利根川上流工事事務所発行「利根川の東遷」（一九九八年三月）に、

東遷事業達成のための重要なポイント

元和七年（一六二一）には、幅わずか

七間であったのが寛永二年に三間を増幅し、承応三年には一〇間の幅の中でさらに三間の深さを増し、通水。こうして利根川の流水が赤堀川へ注ぐようになり、東遷・流域変更が完成する。

とあります。川幅一〇〇間を超す上利根川が、幅一〇間の赤堀川で、東遷したというのです。
この矛盾を鋭く指摘したのが、小出博でした。そして実際は、「明治政府の利根川改修工事で東遷した。理由は足尾鉱毒事件である」との、まったく意表外とも思われる「利根川を東遷させた足尾銅山事件」説を提起しました。一九七五年（昭和五〇）発行の『利根川と淀川』で、

明治政府は鉱毒水が江戸川を下り、東京府下に氾濫することを恐れ、棒出しを強化しながら渡良瀬川河口（利根川への合流部）を拡幅して、利根川の水が逆流しやすいようにしたのである。そして幕末から明治初年にかけて、江戸川を利根本川とし、これに洪水主流を排疎すべきであるという大方の識者の見解を無視し、明治政府は中下利根川を主流として銚子に落す東遷物語を完結する。

このように政府をして利根川東遷を強行せしめたのは、足尾銅山鉱毒事件の蔓延化であったが、政府はこれを江戸幕府開府以来の事業であるとうそぶき、帝国議会答弁でも、当時のオランダ人お雇工師の意見を逆手にとって、幕府による利根川開発の延長線にすぎないとの

強弁を繰り返してきた。（一八三〜四頁）

と、手きびしく、明治政府のごま化しを批判しました。この説は、私にはまったく予想を超えたことでした。でも言われるように、承応三年の川幅一〇間になった程度の赤堀川で、上利根一〇〇間の大水量が呑み込み切れるはずはありません。だから、この年に「東遷・流域変更が完成する」わけは絶対ないのです。承応三年は、ごく少量を「東流」させたにすぎず、利根本川が東に遷ったのではありません。一部の東流で、東遷ではないという、事実だが、現在でも利根川上流工事事務所などでは認知していない小出説を、大熊孝は『利根川治水の変遷と水害』（一九八一年発行）で、より精確に「鉱毒事件が利根川東遷を完結」させたと、論証しました。

承応三年説を疑わなかった私も、この二著を幾度となく読みかえして、ようやく目からうろこの落ちる思いがしました。その後、視点を新たにして東遷史を観ると、ほとんどの論者は「治水」的側面から論じていて、「利水」（水運）目的で施工した実際をゆがめていたことに気付いたのです。後述しますが、たとえば太田道灌の利根川幹川化工事や、後北条氏の権現堂堤築造などは、治水工事ではありません。利水工事としてでなければ説明不能です。したがって治水論者は誰も工事理由を述べていません。

それは措くとして、鉱毒事件が、なぜ利根川を東遷させたのか。小出・大熊の説にそって述べ

旧安蘇郡界村（現佐野市高山町）の鉱毒被害麦田

てみます。

一八八〇年代に、足尾銅山が飛躍的に産銅量を増やすと、同時的に周辺の山林荒廃・鉱毒流下が劇しくなります。そして一八九〇年（明治二三）の大水害は、「鉱毒事件」として、加害者対被害者を明確にしました。被害側の補償や精錬所移転要求、田中正造の国会質問があり、加害者とそれを護る政府による示談が進行する時期がありました。

一八九六年（明治二九）秋には、これまでにない鉱毒洪水に見舞われました。被害は一府五県（東京、群馬、栃木、埼玉、茨城、千葉）に拡がったのです。そこで政府がしたことは、関宿棒出しをせばめて、鉱毒が下町や東京湾と行徳塩田（一八〇町＝一八八五年）を浸害することを防ぐことでした。

「足尾銅山ノ為メヲ謀リ、東京湾養貝者其

他海産業者の為ニ」したことだと、田中正造は言いました。（『田中正造全集』第五巻五一頁、以下『全集』⑤五一頁と表記）

正造の言を、宮村忠は「利根川治水の成立過程とその特徴」（『アーバンクボタ一九号』三四頁）で、さらに明確に、次のように立証しています。

棒出しが強化されはじめた江戸末期からは、行徳地区の水害は激減し、明治二九年、同三一年の棒出し強化後は、明治四三年の大洪水からも解放されている。（略）鉱毒により致命的な影響を受け易い塩田地帯でもあった。したがって鉱毒問題との関係でいえば、行徳の塩田の方が棒出し強化とより密接に結びついていたといえよう。このようにみてくると、榎本武揚邸が浸水したというようなことをことさらにとりあげ、棒出し強化の意義を論ずるわけにはいかない。

江戸川流頭棒出しの強化は、江戸川治水の上から最も重要な行徳地区を対象とし、単なる洪水対策だけでなく氾濫と関連した鉱毒被害の拡大という観点から理解することができよう。

江戸川入口をせばめると、下利根川へ流す量は増やしませんから、当然中流部に停滞します。その対策に、利根川合流部の渡良瀬川を拡げて、渡良瀬川に逆流する工事即ち、渡良瀬中流域の

図4　利根川計画高水流量変遷図〈単位m³/s〉
1900年（明治33）利根川改修計画流量配分図

※大規模洪水は上利根川において氾濫処理を前提

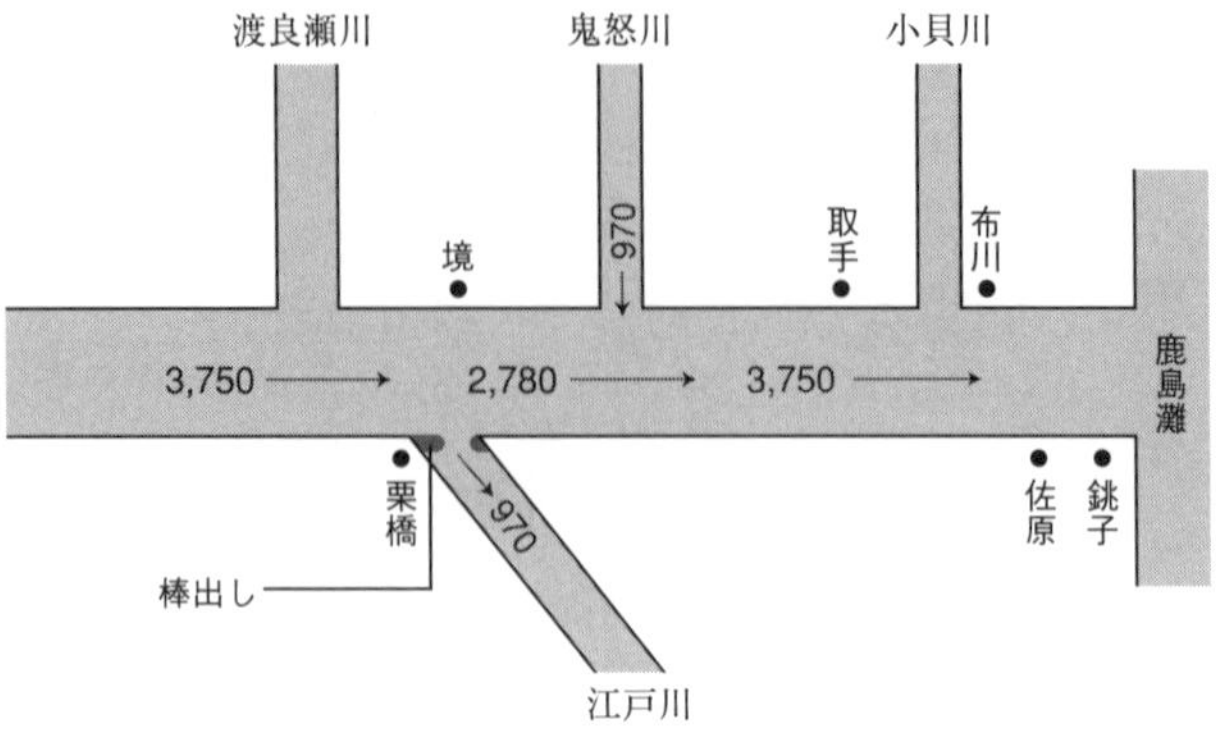

遊水池化を策したのです。（図4）

その上、埼玉県川辺村の渡良瀬川堤防を引き下げて一二〇間（二一六メートル）に広げ、逆流しやすくしました。明治政府の治水方針が、この二つの工事で明確になりました。すなわち江戸川拡大方針は捨てて、中流域に遊水させることと、東遷を指向したことです。理由は、鉱毒で江戸川下流住民が騒ぎ立てないようにすることでした。大熊孝は、その治水方針について、

> 明治政府の意図はともかく、棒出しの間隔が九間強と狭められ、川底には沈床が埋設されるという極端な強化がなされたことは（略）事実であり、利根川治水方針が転換されていることにはかわりない。利根川の洪水を常陸川に落とすという意味での利根川東遷事業は、まさにこの棒出し強化の段階において完

成されたと考えることができる。(『利根川治水の変遷と水害』一二八頁)

と、棒出し強化を施工した一八九八年（明治三一）が、利根川東遷事業方針確定年であるとしました。確かに、それ以後、現在に至るまで、歴代政府、土木官僚の牢固たる方針になっています。それによる利根川東遷の完成は、利根川改修工事の竣工である一九三〇年（昭和五年）となるのです。

4　利根川の東流・東遷問題

さて、いわゆる「利根川東遷」の実状を、具体的に詳細に扱うときは、中近世に「東流」の時代があって、近代におよんで「東遷」方針確定から完結へとなるのです。ただし「東流論」はいままで現れてはいませんでした。利根川には東流工事と、東遷工事とがあったのです。

ところで承応三年赤堀川東遷説は、小出博によって否定されたにも拘らず、現在も東流を東遷としています。『利根川』(国土交通省関東地方整備局利根川上流工事事務所）には、

天正一八年（一五九〇）に江戸に入った徳川家康は、関東郡代に伊奈備前守忠次を任命、利根川東遷事業を行わせました。事業は文禄三年（一五九四）から六〇年の歳月をかけて、

忠次から忠政、忠治と受け継がれ、承応三年（一六五四）に完了。これによって、わが国最大の流域面積を誇る河川が誕生したのです。（五頁）

とありますが、これは一部の水量の東流とすべきなのです。小出博は、

江戸幕府には、上利根川の洪水防御の目的で利根川を東遷する考えは全くなく、利根川の「幹川」を銚子に落す構想など、新川通開削当初はむろん、江戸時代を通じて、もっていなかったのである。その証拠に、赤堀川の通水後、幅一〇間（約一八メートル）のまま拡大しようとしなかった。（『利根川と淀川』一五九〜六〇頁）

つまり、家康も伊奈氏三代も「東遷する考えは全くなく」としています。東流工事をしたにすぎないというのです（幕末期には事情が移ります）。

『利根川百年史』は、七人の著書と文献名を挙げて解説し「利根川の東遷に対する評価」表にまとめています。その「備考」に、栗原良輔著『利根川治水史』について、

会の川締切（文禄三年）〜赤堀川三間掘り増し（承応三年）の六〇年間で利根川の東遷がその目的を一応達成したとしている。（三二一九頁）

とあるのが、唯一「東遷」論で、佐藤俊郎著『利根川――その治水と利水』が「栗原を踏襲している」にすぎない。小出博著『日本の河川研究』については「瀬替工事そのものに再評価を加えその目的として舟運を示している」とまとめていて、承応三年説に固定化してはいません。諸説を要約した項の中では、承応三年説を、

いずれにしても川幅はせまく勾配はきわめてゆるいから、利根川の水を十分呑むことはできなかったにちがいない。この意味で東遷のほんの端緒にすぎず、（三二九頁）

と「東遷の端緒にすぎ」ないとしています。ただ『日本の河川研究』だけでなく、一九七五年発行の『利根川と淀川』、一九八一年刊大熊孝『利根川治水の変遷と水害』も、一九八七年発行の『利根川百年史』では採り上げてほしかった。

ところで、小出東遷説を採らない向きがあるのはなぜか。理由のひとつには、実情に適さないところがあるとみられるからでしょうか。それは「東遷の意図は全くなかった」にせよ、幕末には「利根川」の呼称が、江戸川から、下利根川に移り、「坂東太郎」となっている事実があるからです。さらに言えば、一六五四年（承応三）より一三年も以前の、一六四三年（寛永一八）には、すでに上利根の水は、権現堂川、そして逆川を経て、常陸川に流入し、銚子沖にまで出てい

た事実があるのです（下総之国図）。さらに、天正年間に東流は始まっていました。（後述）
これは利根川の東遷というよりは東流というべきで、江戸川筋（南流）と常陸川筋（東流）に分流したのです。そして常陸川筋が、やがて幕末期には「坂東太郎」の名を冠せられる大河に成長します。これは利根川の呼び方が、常陸川の方に移った幕府末期に付けられたのだと思います。「名」が移ったことは、ある程度「実」が移っているからです。それが、つい承応三年東遷説をあと押しして、現在に至っているのではないでしょうか。『利根川と淀川』も、

江戸川は開削後しばしば拡幅が行なわれ、その名も利根川あるいは新利根川と呼ばれていた。「正保国絵図」にも利根川と記されている。幕府ははじめから利根川の主流として江戸川を開き、上利根川の水を流下せしめることを目的としたことがこれでわかる。（略）ただ寛保年代（一七四一〜四三）には、一部で江戸川という名称が用いられている。そして文化六年（一八〇九）赤堀川の川幅を四〇間（約七〇メートル）に拡げるころから、利根川という呼び方はきかれなくなるようである。（一七二〜三頁）

このように小出博も幕末期には、利根川の呼称が江戸川筋から常陸川筋に移っていったことは認めています。そこで言えることは、「幕府に東遷を意図した工事はなかった、しかし東流させる工事はすでに進められていた」ことです。それは上利根↓江戸川と南流する水を、上利根↓赤

堀川↓中・下利根川へと東流させる必要に迫られてのことでした。この経緯は棒出しでみましたが、次章で取り上げます。

さらに大きな問題があります。それは東流工事がすでに寛永年間に大々的に行われていたことでした。なお言えば天正年間ですが、後述します。そのことは『利根川百年史』でも、「正保国絵図」「関宿城絵図」などを読みとり、

　これらの絵図から解釈できる最も重要なポイントは、赤堀川の開削による通水（承応三年・一六五四）以前に利根川の流水は、権現堂川・逆川を経て常陸川筋へ注がれていたことである。（三二六頁）

と、東流を認めていることです。吉田東伍も、すでにこの発言をしているのですが、なぜか、これほど利根川東流・東遷論議に重大な（と私は思います）事実が、まったくと言ってよいほどに蚊帳の外に放置されたまま現在に及んでいることです。他にも、埋もれてしまった事実があるのに気付いたので、これからそれらを採り上げて、述べてみます。

追記しますが、この稿をまとめてから、関宿城博物館で「研究報告」のあることを知りました。その中に「下総之国図」の研究があり（後述）、この図が戦国期（降っても慶長年間か）には利根川が東流していた事実を明確に証明しています。これは利根川の東流・東遷問題中最大の関心

事ではないでしょうか

特に江戸時代前期までの利根川改修事業は、従来のような治水の観点からではなく、水運を主目的とした事業であったと考えると、解ける謎がたくさんあります。次章以下で、利根川・渡良瀬川の成り立ちからみることにします。

第二章　古代の利根川・渡良瀬川

1　汎利根川の時代

利根川は、アイヌ語「トンナイ」に由来するといわれます。巨大な谷の意で、最上流域は、まさにそれにふさわしい大渓谷です。今から六〇〇〇〜五〇〇〇年前の、有楽町海進（縄文海進）の温暖期には、奥東京湾が渡良瀬遊水池辺まではいり込んでいました。利根川は、この湾に注いでいました。鬼怒川は、奥鬼怒湾に流入し、二つの湾は、関宿辺のせまい水路でつながっていました。（図5）

ですから、縄文人は霞ガ浦（太平洋）から東京湾へ、舟で往来できました。海退期に入ると、埼玉の低地を流れて荒川（元荒川）と合流し、下流部は隅田川といわれて東京湾に入りました。入間川（現荒川）とも、最下流で合流していました。

渡良瀬川の源流は松木川で、足尾町の「渡良瀬」で、細尾峠の方から流れてくる神子内《みこうち》川と合

図5　関東地方の貝塚の分布とそれから推定した当時の海岸線
（東木竜七氏原図）

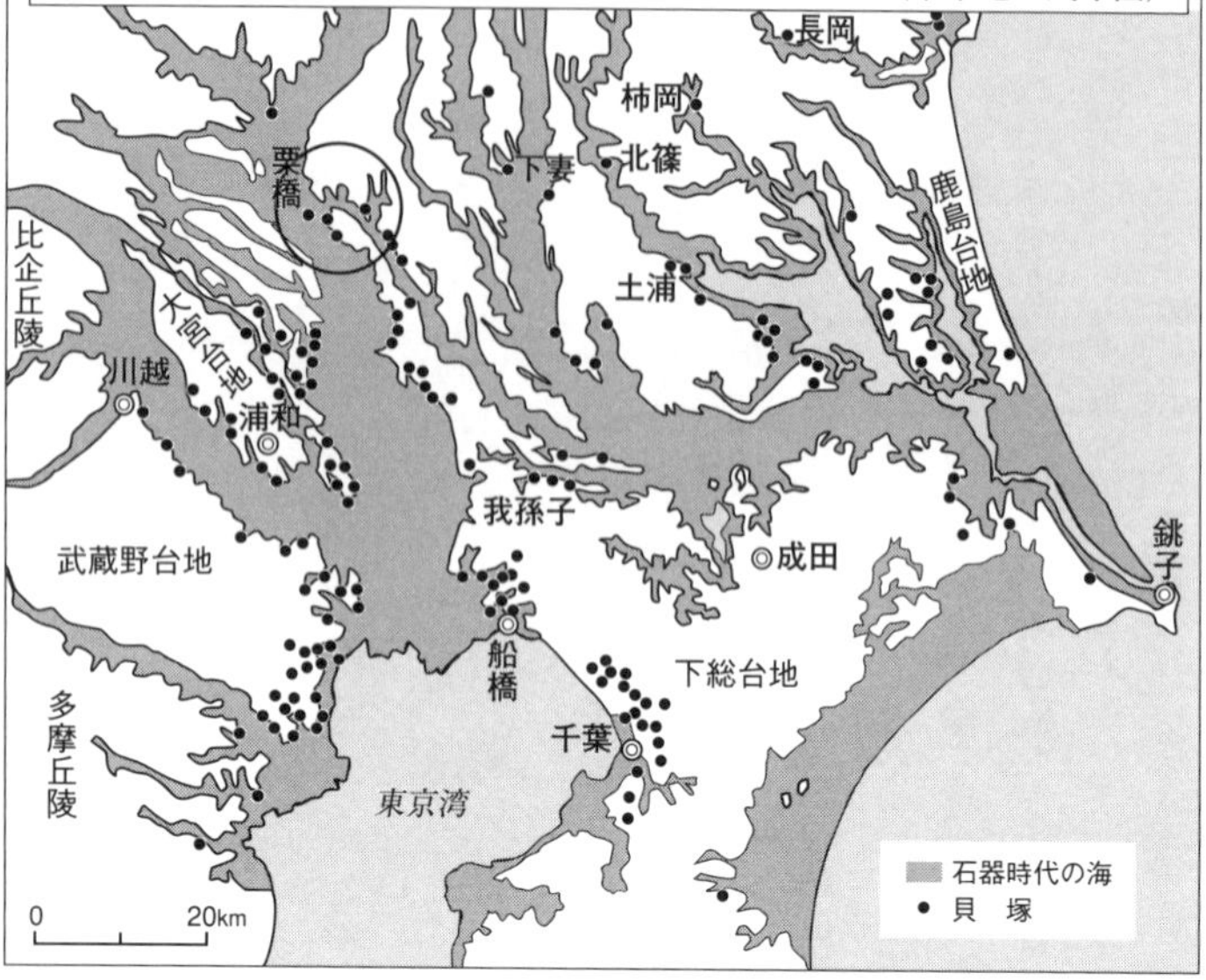

流して、渡良瀬川となります。中流は、矢場川と称され、上野・下野の境界となり、古河市の近くでは、利根川の分流（合の川）を容れ、庄内川・太日川などとなり、利根川と併流して東京湾に入っていました。両川は併流しながら、分流が各所で交錯していて、舟航にはきわめて都合が良かったのです。

　近世以前の埼玉平野は、沼沢地が多く、利根川と渡良瀬川が、交錯していることもあって、陸路より、水路が便利だったと考えられます。鈴木理生は、こうした利根川を「広い意味での利根川」（広義の利根川）とよんでいます。私は、もう少し簡略にして「汎利根川」と名付けてみました。この汎利根川は、荒川水系・渡良瀬川水系はもとより、関宿の水路を通じて、鬼怒川水系とも舟で往来できたのです。つまり、東京湾と霞ガ浦そして太平洋にも通じていました。

近世以降の開発で、関東平野の沼沢地は激減しますが、それまでは、構造盆地でもあり「水の世界」がひろがっていたのです。網野善彦は『関東学発見』（アサヒグラフ別冊）の中で、

考古学のお陰がずいぶんありますけれども、関東の水上交通は大変に活発だったことが明らかになってきました。

まず関東には北浦と霞ケ浦、それから常陸川・印旛沼・手賀沼を結んだ非常に広い「内海」がひろがっています。それからこの内海と川で結びついているいまの東京湾から相模湾にかけての入海から、伊豆半島まで含めた内海があり、ここに北から南に流れる大きな川が何本も流れています。関東南部は海と川の世界で、私は伊豆は関東に入れてもよいかと思います。平将門は伊豆守を任命していますから、伊豆国は将門の支配下に入っていたのです。ですから馬だけではなく、水の世界を考えないと『将門記』は理解できません。（六四頁）

と強調しています。

この新鮮な視点こそ、利根川東流・東遷の基底になるものです。すなわち、関東内陸水運を、近世以降に限定する現在の状況では、中世以前の利根川や渡良瀬川と、人間とのかかわりが抜け

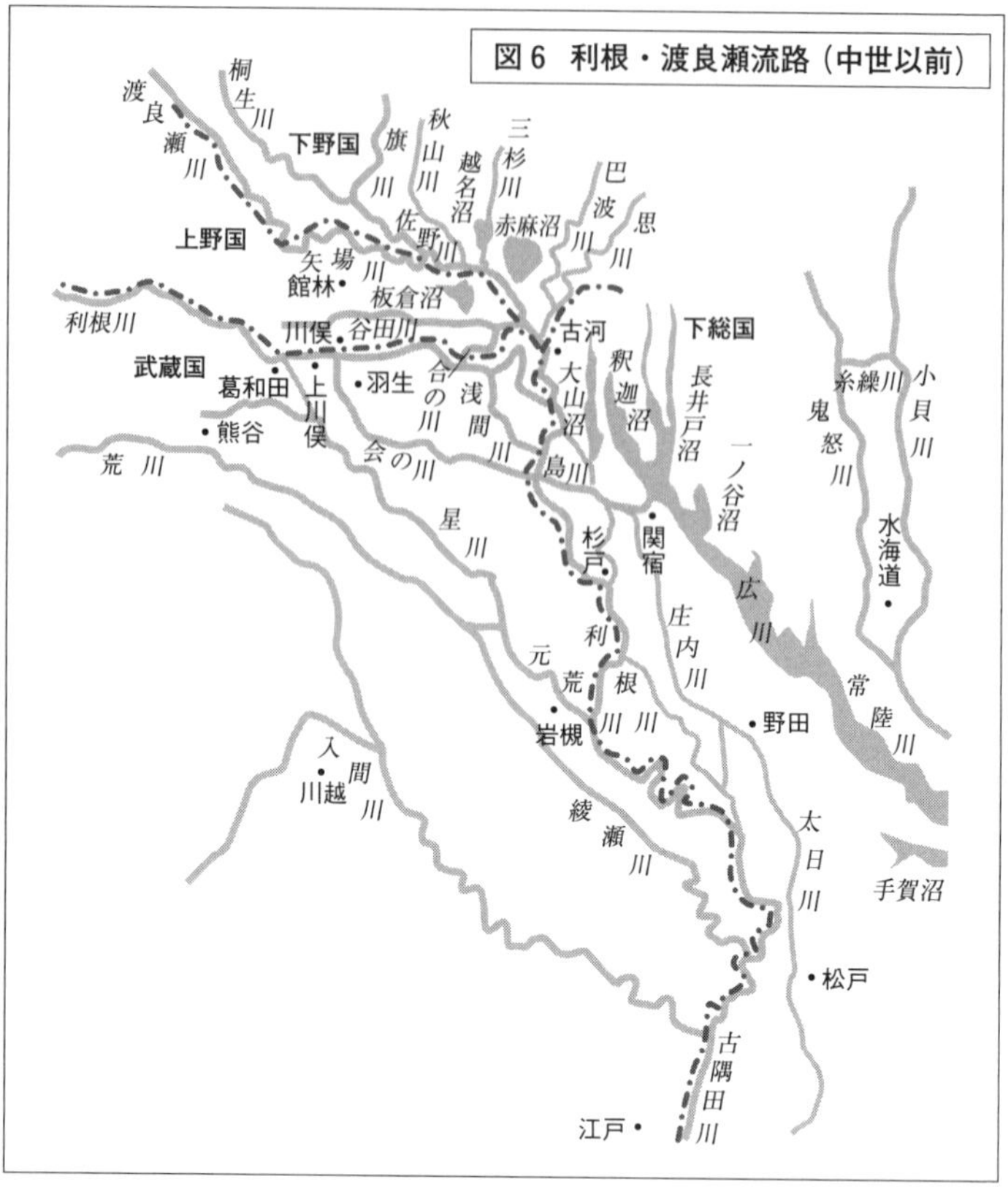

落ちてしまいます。そこからは、東遷史にもゆがみができてしまうのです。たとえば関宿の水路について、近世になってから、ようやく舟航が可能になったとしていることです。そうではなくて、後述しますが、私は、将門の時代はもちろん、もっと以前の、縄文海進の時代から、舟を使って、霞ガ浦方面（東関東）と東京湾（西関東）とは、汎利根川から関宿水路を通って往来し

ていたと考えます。（図6）
中世まで、利根川・渡良瀬川・鬼怒川はそれぞれ独立して流れていました。けれど、関宿水路（縄文時代は「海峡」）を経由して、自在に航行できたのです。このことは「縄文海進と関宿水路」で述べます。

2　東遷を続けた渡良瀬川

渓谷美で名高い高津戸渓谷（大間々町）

渡良瀬川は日本百名山の一つである皇海山《すかい》（二一四三・六メートル）を水源とし、「渡良瀬」の地で、川の名を得ます。渓谷を南下して、群馬県大間々町から関東平野に出ると、大扇状地を形成しました。（図7）
まず、五〇～五万年前に、西南流して「桐原面」を形成し、やがて東に移り、「藪塚面」をつくりました。五～一万年前のことで、ここには岩宿遺跡があります。
一万年前以降になると、さらに東へ移って「相生面《あいおい》」をつくり出し、現在は用水路となって

図７　渡良瀬川と大間々扇状地
（峰岸純夫・能登健「赤城山南麓周辺の地形と中世荘園分布」参照）

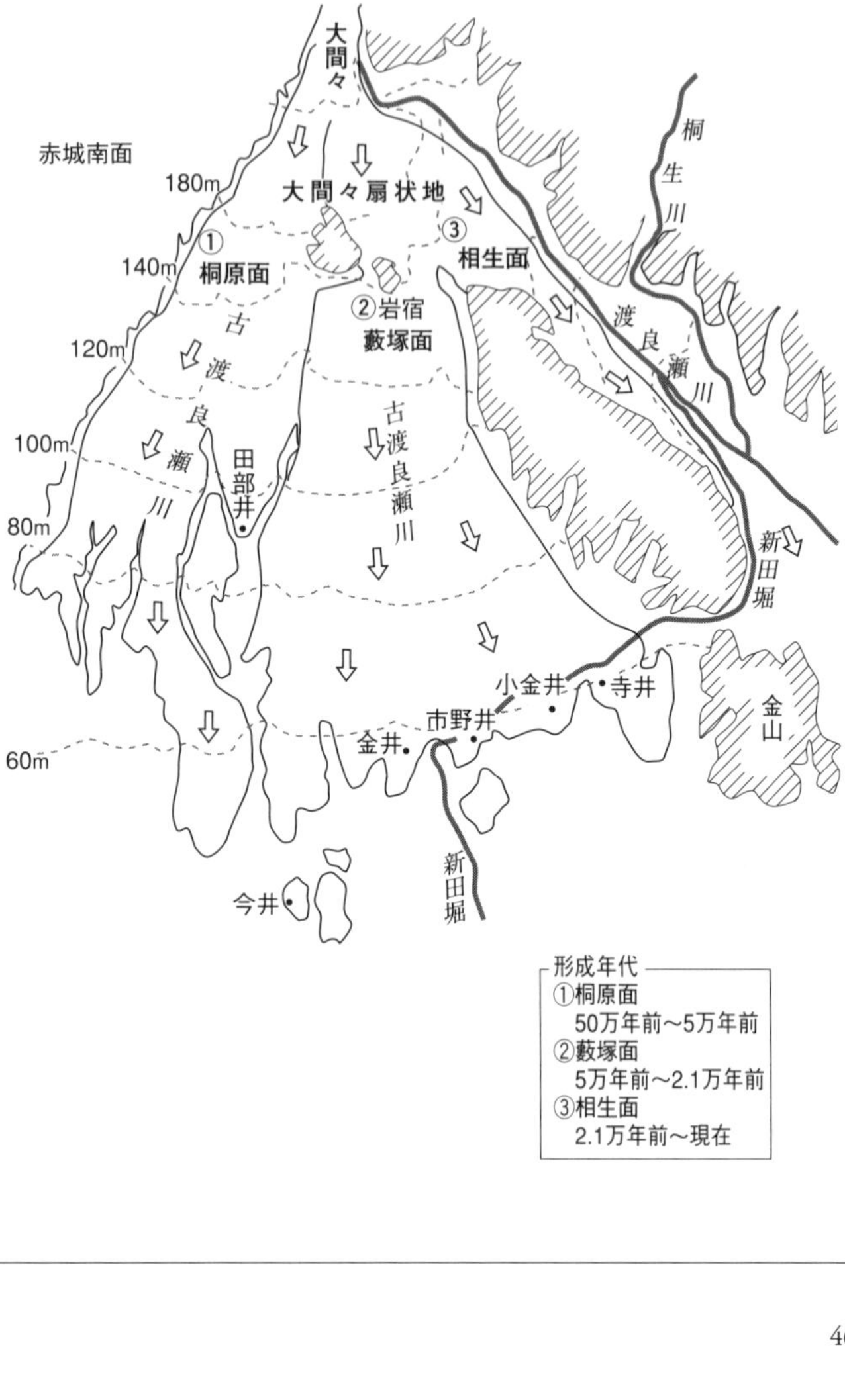

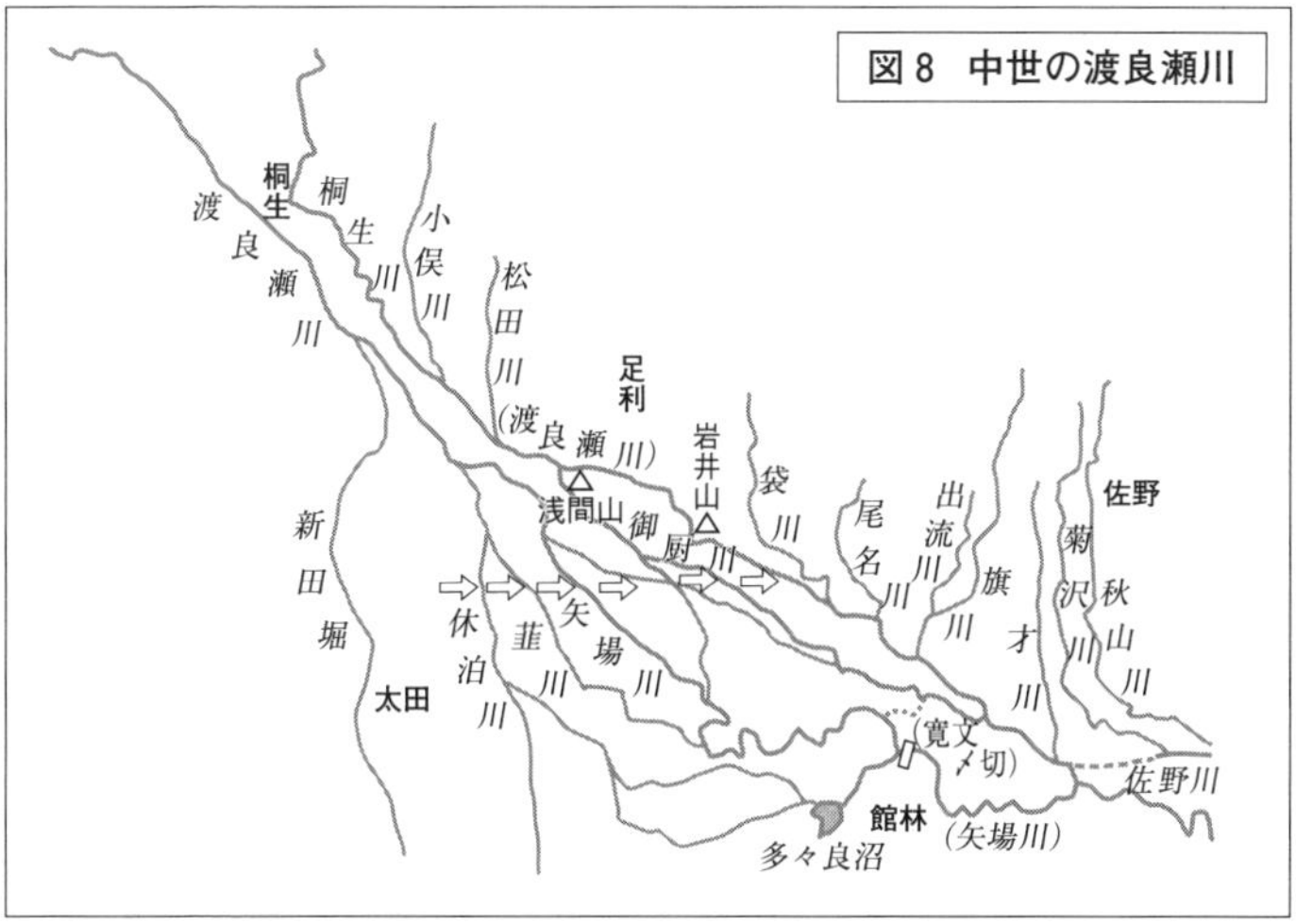

図8　中世の渡良瀬川

いる新田堀の流路から、休泊堀そして韮川のコースを、東へと移り、矢場川筋におちつきました。

矢場川は、古代・中世の渡良瀬川の主流として、「毛の国」を上と下に分けたときの国境になりました。このあたりからの流れを調査した田中正造は、

> 今の足利郡菱村の山腰及び丘を以て桐生川を南流せしめ、小俣村に至りて渡良瀬川に合す。以て東南に下る。（略）金山の山脈は利根川の北進を拒み、又渡良瀬川の南進を妨げて梁田郡の西端山辺村の辺、金山を去る里余の地稍々低く、茲に至りて渡良瀬川は二流となり、一は梁田郡に入り、更に仙元山及八幡山を廻り、一は矢場川に入り、遠く南の地勢に流れ、（略）矢場川は西より東南に迂回し、地形上群馬県地と自然の区別をなす。（「日記」一九一〇年一一月、『全集』⑪四八一～二頁）

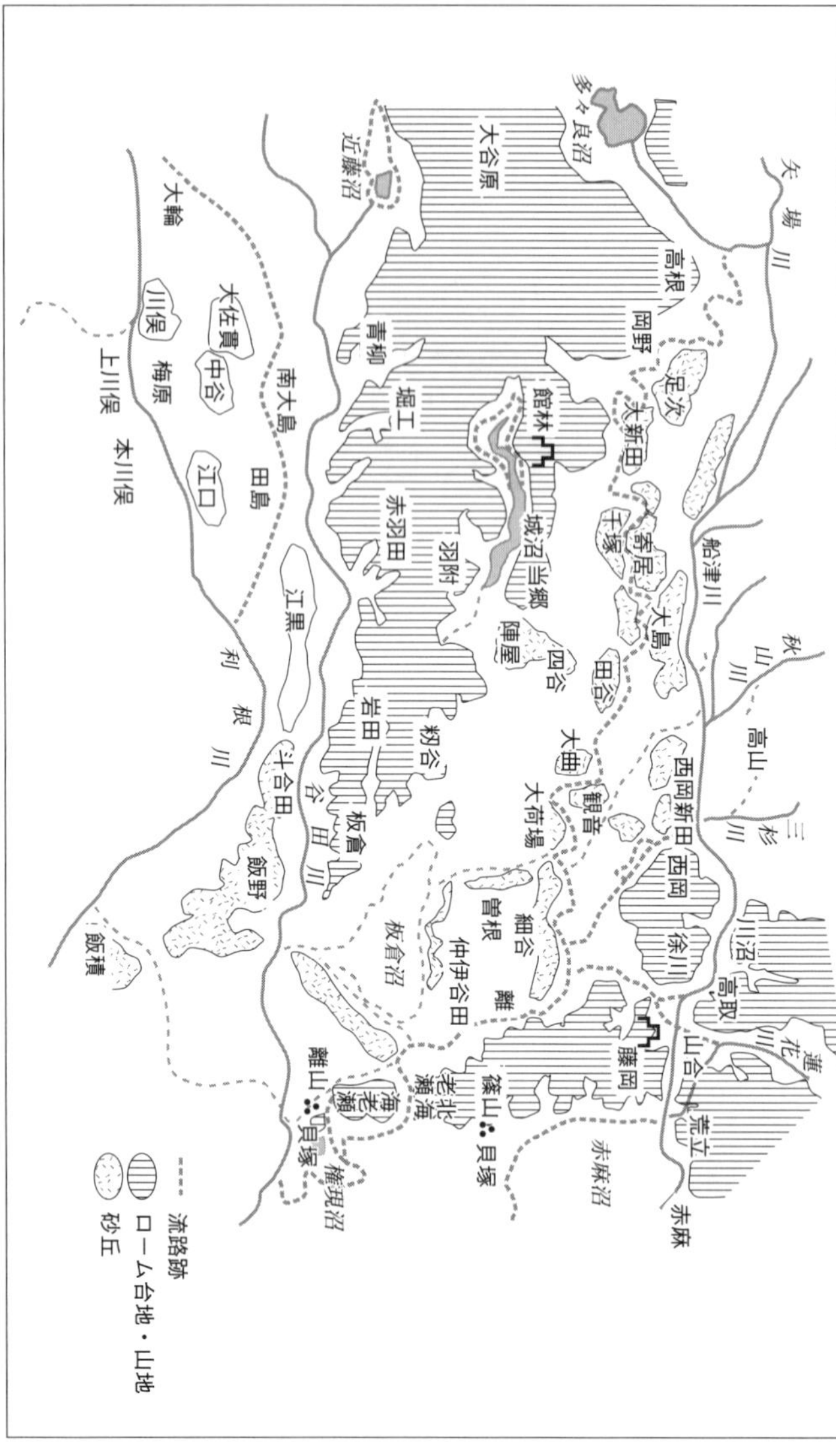

図9 板倉地方の渡良瀬流路考

と書いています。

ここで注目したいのは、矢場川と分流して東に向かった流れが、さらに借宿辺で、足利市街に近く、東流する（ほぼ現河道）のと、浅間山を迂回して南東流する御厨《みくりや》川（いまは御厨用水）とになっていたということです。（図8）

さらに正造は「旗川を南流せしめ、渡良瀬川を遠く南に排し」「秋山川を南流せし」め、「三毳山は関川越名沼を西に押さへ、関川を南に逐ふて、秋山川及び渡良瀬川に合流」させたとします。（『全集』⑪四八二～三頁）

さらに正造の文をつなぐと、渡良瀬の下流の分岐である矢場川は、館林市の木戸の辺より南に出て、多々良沼の落ち水を合して岡野の北をまわり、足次の前から大新田の南を流れ、細内と正儀内の中へんを通り、千塚の北をめぐり、大荷場南を通り板倉沼に入ったとなります。（図9）

また、「才川、菊川、秋山川等の一流ハ小野寺川（三杉川か＝筆者注）ニ合して除川の北をめぐり、又其一流ハ西谷田村の西岡新田ニ流れて、除川の南ニめぐりて細谷ニ流れ板倉沼ニ入る」とし、「又流れ出で海老瀬村、中江［井］谷田方面ニ流れたるあり。一方いびせ村の内地をへて字放（離＝筆者注）山及字峯の北を通りていびせ山の東ニ出で、又一方南矢田川ニも流れ出たりと見ゆ」と詳細です。（「日記」一九一二年八月、『全集』⑬三〇五頁）

さて、板倉沼を出ると、谷田川をあわせ、利根川の分流合ノ川と合流し、さらに古河の西で、巴波川や思川をも容れて、南流を続け、埼玉東部の低地を、利根川と並んで下ります。権現堂の辺では東へ向きをかえた、関宿に近い流れの庄内川と、蛇行して南流する杉戸川（私の命名。一五七六年〈天正四〉後北条氏締切る）とに別れました。杉戸川は堤根で古利根川に合流しました（大熊孝『利根川治水の変遷と水害』には「蛇行流路跡」とある）。

庄内川（または太日川）には、松戸辺で、古利根川（また、古隅田川）の分流小合川が流入していたようです。そして市川を経て、行徳で東京湾に流れ出ていました。これが古代中世を通じて、独立河川であった渡良瀬川の主流路でした。

3　将門の運河

東京を出て、東北自動車道を北へ、利根川を越え、渡良瀬川を渡ると、関東平野のなかで、はじめて接する山があります。ちかごろは「かたくり」の群生で知られるようになった三毳《みかも》山です。万葉の東歌中に、

下野の三毳の山の小楢《こなら》のす
　まぐはし児ろは誰が飼《け》かもたむ

万葉の歌で知られる三毳山

があります。この山の東麓を流れる蓮花川ぞいの、小さな沼地からは、一九二四年（大正一三）、縄文時代の丸木舟が出土しました。このあたりは、慈覚大師誕生の地（下津原）であり、また平将門伝説が遺る地でもあります。

承平年間（九三一〜九三五）には、この地方は平将門の勢力下におかれていた。彼は蓮花川の中流の新川岸から御門を経て、茂呂《もろ》に至るまでの運河を掘らせて、舟運の便をよくした。

将門はこの地方の住民から今も慕われ、将門神社として祀られている。岩舟町御門にある将門神社の東に溝のような流れが残っているが、これが当時の運河の名残りと思われる。

当時は舟による物資の輸送が極めて要であり、「ふいご湖」の南岸は高取と山合の間で、川によって渡良瀬川と直結していた。したがって舟で渡良瀬川から利根川を下り、さらに海上まで物資を運ぶことができた。（関塚清蔵『蓮花川』一三頁）

このように、御門―運河―蓮花川―渡良瀬川（当時で言えば矢場川・太日川）―関宿水路―常陸川―岩井（将門の営所）と結ばれていたのでしょう。（図10）

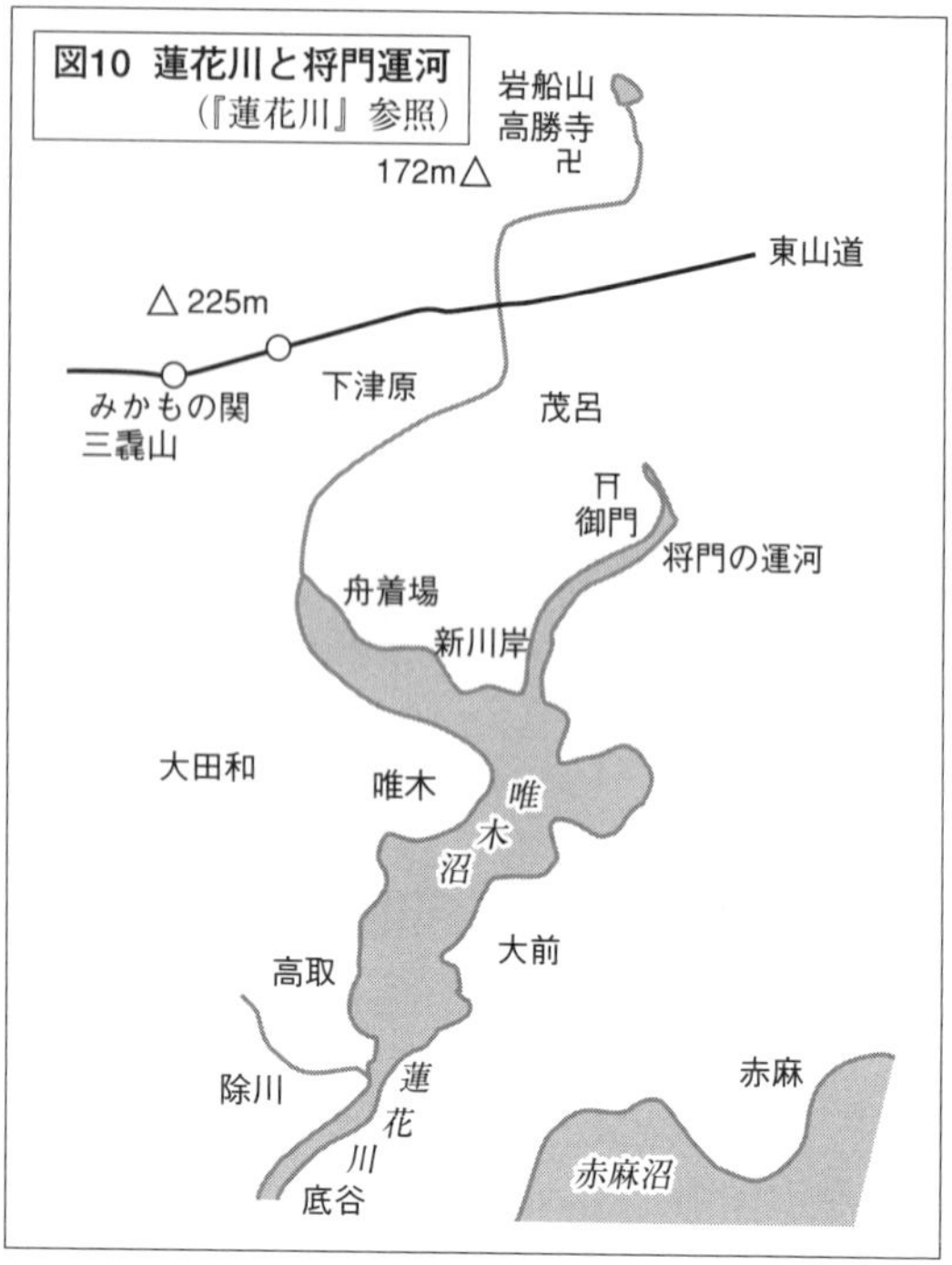

図10　蓮花川と将門運河
（『蓮花川』参照）

平親王とよばれて、文武百官を任命し、東国に王朝を樹立した将門の人気は根深く、関東だけでも祭神にしたり合祀したりする神社は、東京の神田明神をはじめ、一八社あり、伝説は青森から鹿児島まで、三八七か所に及ぶとされます。蓮花川の運河も、その一つでしょうが、この地方

「祈念鉱毒根絶」の碑（太田市毛里田地区）

に水運のあったことをしのばせるものです。

将門伝説は、渡良瀬川をさかのぼった太田市毛里田《もりた》地区にもあります。「祈念鉱毒根絶」の碑が建っている只上《ただかり》には、九四〇年（天慶三）、藤原秀郷に討たれて、首は都に送られますが、それを追いかけた胴体が、ここまで来たと伝えられています。

秀郷が京都へ持って上がったあとでした。このことを知った胴体は、「ただ上り」とさけび、がっかりして、そこにたおれてしまったということです。

そこで、この地名を、今でも「ただかり」（只上）とよんでいます。（略）おまつりした八幡宮が、今、只上八幡として残されています。（『わが郷土足利』八三頁）

明治から、大正・昭和・平成に至る百余年を、足尾銅山の鉱毒に悩み、根絶運動を成しとげつつある地は、将門を祀ってきた土地でした。

4　古来内陸水運の要だった関宿

さて、これから難題の関宿水路――江戸時代以降は「逆川」――について考察します。現在でも、この水路は江戸時代に開削されたもので、それ以前は舟で通ることはなかったとする説が有力で、各所の博物館も、近世以降として扱っています。

私個人としては、近世前期の寛文五年（一六六五）に、関宿から赤堀川に通じる逆川が開削されたことで、はじめて利根川と江戸川がつながったといわれていることや、先に掲げた北条氏照の通行許可証において葛西からの船が栗橋までさかのぼっていることと、その航路が佐倉から関宿までの航路とは別に記されていることなどから、戦国期においては、つながっていなかったものと考えている。（岡野友彦『家康はなぜ江戸を選んだか』一一三頁）

このように、近世以前は、ローム台地にへだてられて、舟航がなかったと見ています。

私の考えでは、一六六五年（寛文五）の開削は、後述しますが、新規の工事ではなかったのです。これは「逆川の瀬替え」の記録なので、逆川を初めて開削し、利根川と常陸川を連絡したのではありません。

下総台地が分水嶺になって、利根・渡良瀬の流れと、鬼怒・小貝の流れは隔絶していたとする説が、抜き難く、最近まで続いてきています。そのためか、関宿城博物館の展示その他も、近世以降になっています。

それに対して、近世以前から、関宿経由で舟航が可能だったとする説があります。明治にあって唱えたのは吉田東伍であり、近年では小笠原長和です。『鷲宮町史』も、関宿城下を流れがあったとして記述を進めています。

吉田東伍

吉田東伍の場合ですが、関宿付近には沼沢地や細流があって、それを辿ることで利根川筋から常陸川筋（霞ガ浦方面）へ通航できたと、次のように説きます。

此の逆川が、何の時代よりか既に出来て居る。恐らくは古河関宿の地方に、御所成氏が割拠して、関八州で上杉、簗田、千葉、佐竹、

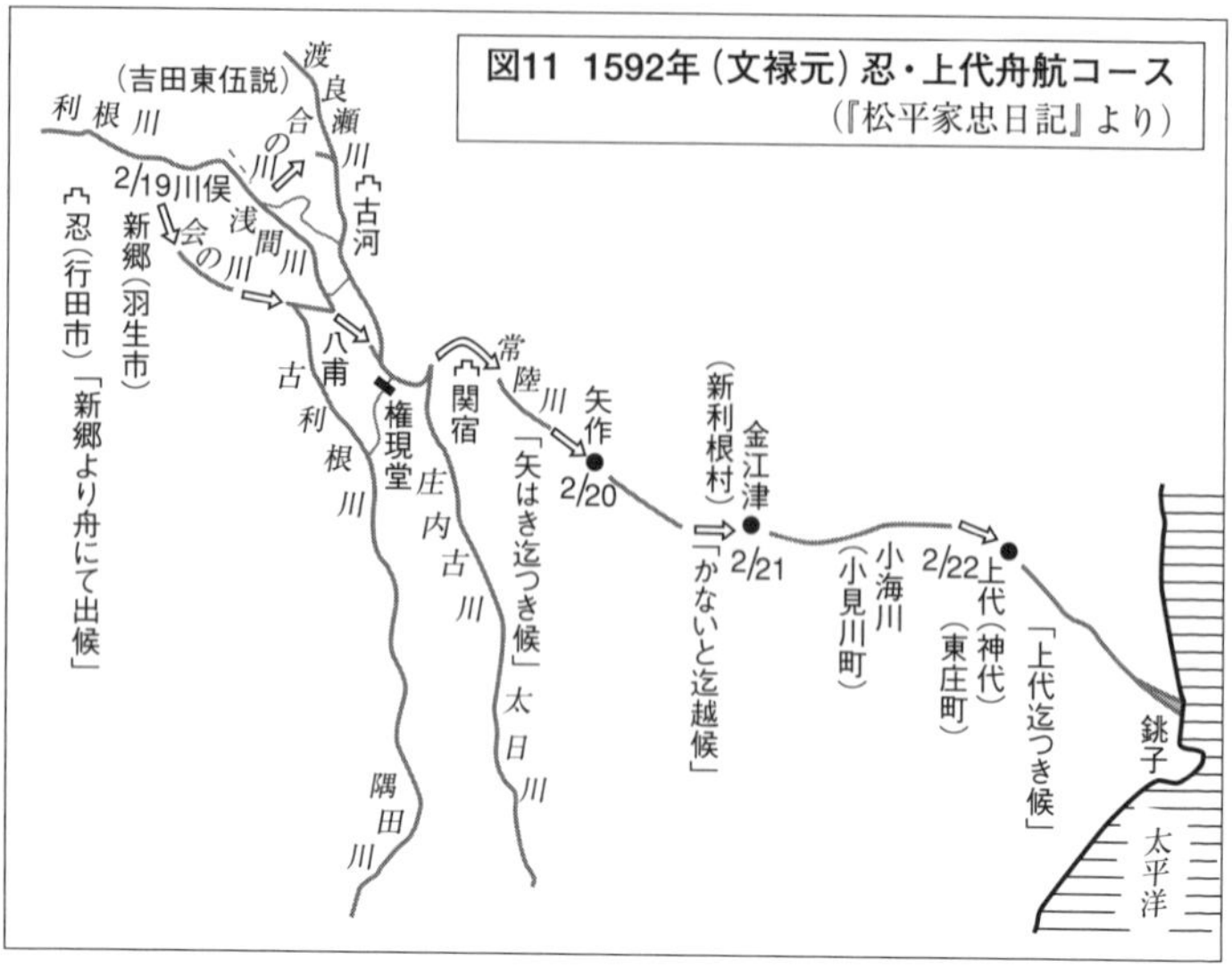

図11 1592年(文禄元)忍・上代舟航コース
(『松平家忠日記』より)

小田、宇都宮、佐野、結城などの面々が、互に争うた頃よりでもあらうか、早く関宿の逆川があります。是れは直接に関宿の交通と要害に関係するが故に、逆川の有無は割拠時代戦争上の関宿の価値の有無と為るから能く考へねばならぬ。（『利根の変遷と江戸の歴史地理』一三三～四頁）

と、室町時代の享徳の乱頃には、関宿が重視されていたことから、逆川があったとし、地形的には沼沢をつないで、細流があったとみたのです。そして通航した事例に、「松平家忠日記」をあげています。（図11）

松平家忠は、家康に仕え、一五九〇年（天正一八）、武蔵国忍城主一万石に任ぜられ、一五九二（天正二〇・文禄元）、下総国上代に移ります。さらに翌年小見川城主に転じます。この転任のとき、舟で利根川から常陸川へ移ったことが日記に誌されているのです。吉田東伍は、これに依拠して、

天正二十年の家忠日記に、上利根の新郷より船で下り、矢作、金江津、上代を経て小見川へ到りしと云ふ事を見れば、是れは合川で渡良瀬へ移り、逆川（関宿）で常陸川へ移りました形跡が明白です。関宿は、天造地設水脈の通閉自在の枢機である、水脈の四通八達の要衝である。（同前書一三四頁）

と、関宿が関東水運の要衝であったことを力説しました。

さらに、「家忠日記」には、しばしば「舟で米を江戸に送った」とあります。

一五九二年（文禄元）八月一九日、江戸兵粮《ひょうろう》米小見川より昨日出し候由候。

九月二日、雨降、江戸へ兵粮舟小見川よりこし候。

一五九三年（文禄二）三月一四日、江戸へ兵粮出し候。手舟。

三月一六日、江戸へ兵粮ふね小見川より出し候。

これでみても、一六六五年（寛文五）開削説は消滅します。小笠原長和（千葉大学名誉教授）

も、吉田東伍説を支持し、

東京湾に注ぐ利根川と常陸川との間を連絡する水脈があったことは確かであって、この地理的環境の持つ役割は、中世東国史の諸問題を演出する舞台装置の一つとして重要であり、また研究の盲点にもなっていることを看過することはできない。あえて明治末期における吉田東伍論文を敷衍《ふえん》する次第である。(「東国史の舞台としての利根川・常陸川水脈」一二九頁)

と結び、関宿水路すなわち「水脈」(逆川)の存在を明確にしました。

さらに『鷲宮町史』から「簗田氏と関宿城について」次のようにあることも追加します。

簗田氏は、この関宿城に本拠を置くことによって常陸・利根の二大河川の喉もとを押えた。つまり、この関宿を押えることによって関東中央部の水上交通支配の主導権を掌握することになったのである。後に北条氏康が、関宿城を獲得することは、一国を取ったに等しいと語っているのは、まさしくこうしたところに理由があった。(七三四頁)

吉田東伍が「逆川の有無は割拠時代戦争上の関宿の価値の有無となるからよく考えねばならぬ」と言ったことを、簗田氏と後北条氏は武力抗争で証明しています。三度に及んだ関宿城合戦がそれで、後北条氏は一五七四年（天正二）になって、ついに簗田氏を逐って関宿城に入り、水路権を確保すると、権現堂堤の築造——杉戸川締切り——にかかり、一五七六年（天正四）に完工させます。

これによって、北条氏照は、同一船に対して「佐倉から関宿まで、葛西から栗橋まで」通しての通行許可証を与えたと、私は視ます。逆川が通行不能だったなら、一艘に許可証を与えても意味がないことになるでしょう。ですから、この文書は同一船が、佐倉—関宿の常陸川コースから栗橋—葛西の利根川コースを、逆川経由で往来可能であったからこそ出された許可証だと考えたのです。そして、戦国期には、すでに関宿水路があったとするのは当然のことでした。

さらにこれを裏付ける寛永初期以前のものと思われる「国図」の研究があるのをを知ったので加えます。新井浩文「戦国期関宿の河川と交通—船橋市西図書館蔵『下総之国図』の史料紹介を通して—」です。この「国図」こそ、赤堀川開削以前に、利根川が東流していた事実を決定付けています。

この絵図時点では、『正保国絵図』段階で見られる「古利根川」の記載が見られないことも注目される。このことは、利根川の中世のルートである現在の武蔵・下総国境を流れる古利根川〜中川を経て、内海（江戸湾）へと流れる流路と関宿付近で大きく蛇行し、銚子方面へ流れるいわゆる東遷後といわれるこれまで異なるとされてきた二つの水系ルートが、「下

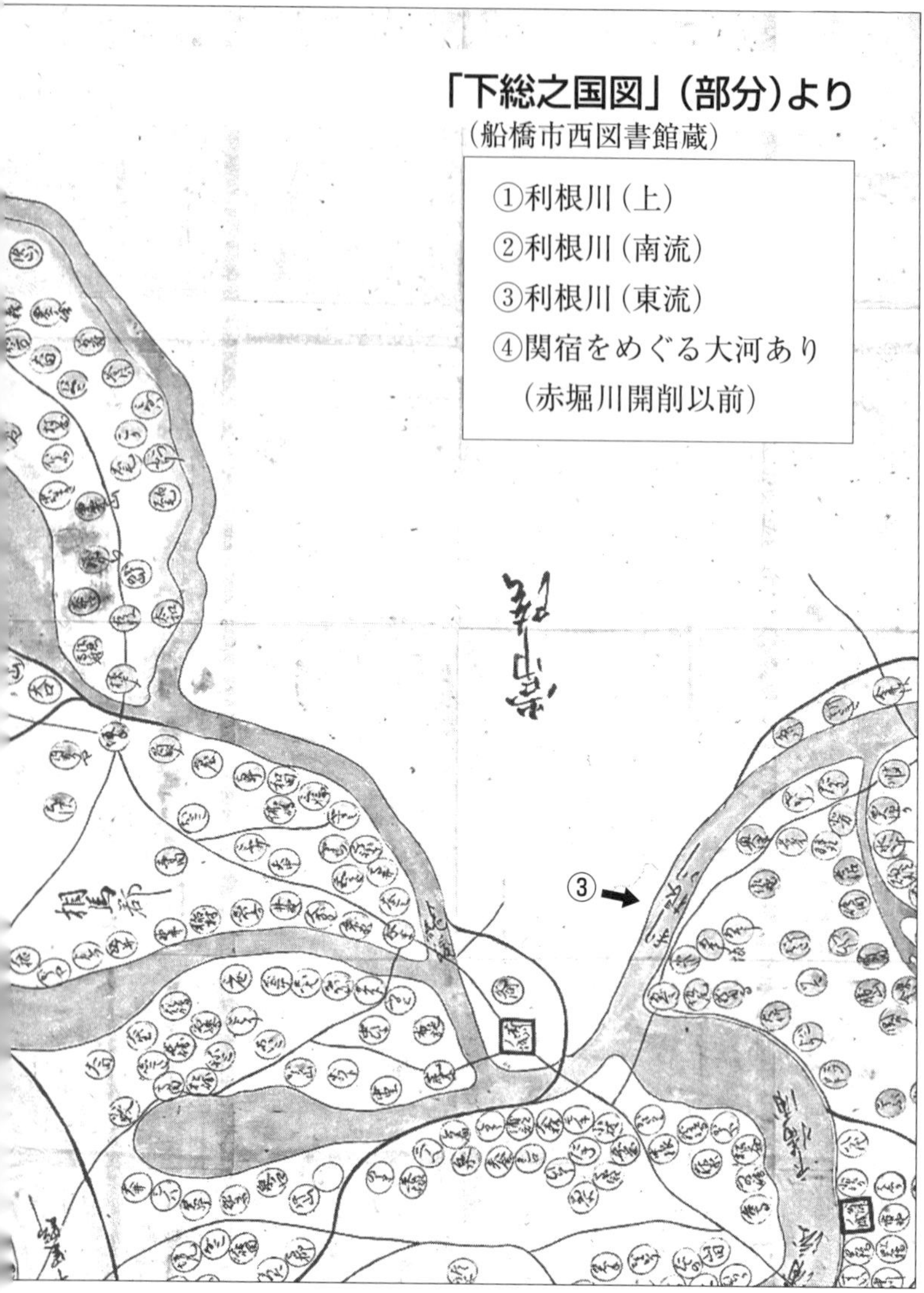

「下総之国図」（部分）より

（船橋市西図書館蔵）

①利根川（上）
②利根川（南流）
③利根川（東流）
④関宿をめぐる大河あり
（赤堀川開削以前）

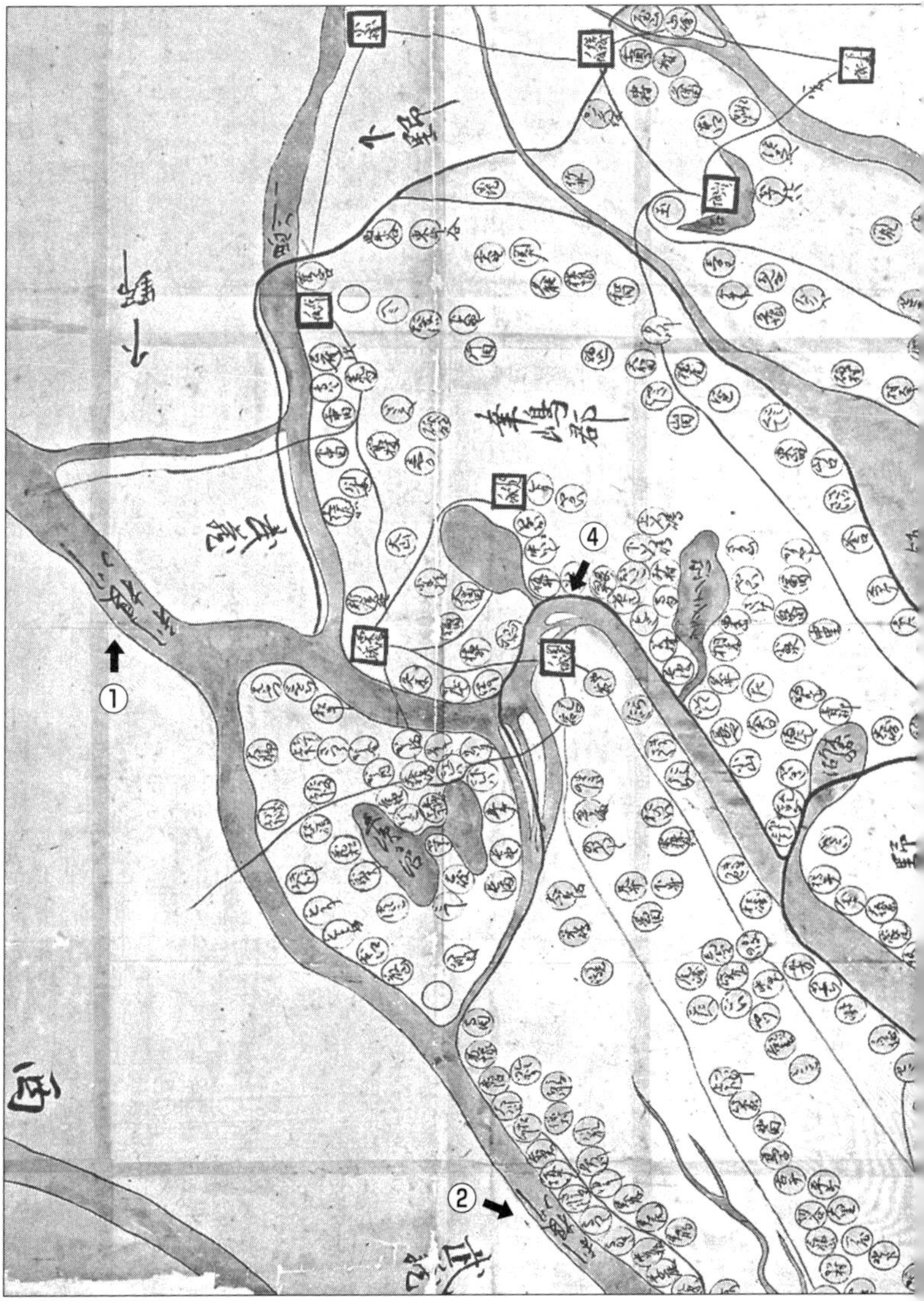
④
①
②

総之国図」が描かれた時点では、一つの「利根川」として認識されていたことにもなり、利根川東遷をめぐる諸説に一石を投じる意味を持つとともに、両ルートを繋ぐ関宿の位置づけがことさらに重要視されることになる。（千葉県立関宿城博物館『研究報告』第六号二〇〜二一頁）

5　縄文海進と関宿水路（海峡）

関宿の水路（逆川）について、吉田東伍や小笠原長和の説を取り上げてきたのですが、その理由は、現在でもいまだに近世以前の通航説を認知しない状態が目立つのを、改めてほしいと考えるからです。たとえば、千葉県立関宿城博物館でさえ、中世については展示はもちろん、解説でも触れていません。江戸東京博物館も、古代・中世の江戸に関する展示がないので、やはり中世以前の関東水運について見ることはできません。ですから、近世になり「ある日突然」江戸が、そして関宿の歴史が始まった感がします。なぜ、中世以前の水運を扱わないのか。吉田・小笠原説を活かさないのか。もどかしくてならないのです。

中世以前をテーマとしない理由のひとつは、明確な証拠が見当らないからなのでしょうか。古代・中世に、関宿を舟で通航したというのは「状況証拠」（ではないのだが）の域に留まると見るからなのでしょうか。たしかに「この逆川が、何の時代よりか既に出来ている」と吉田東

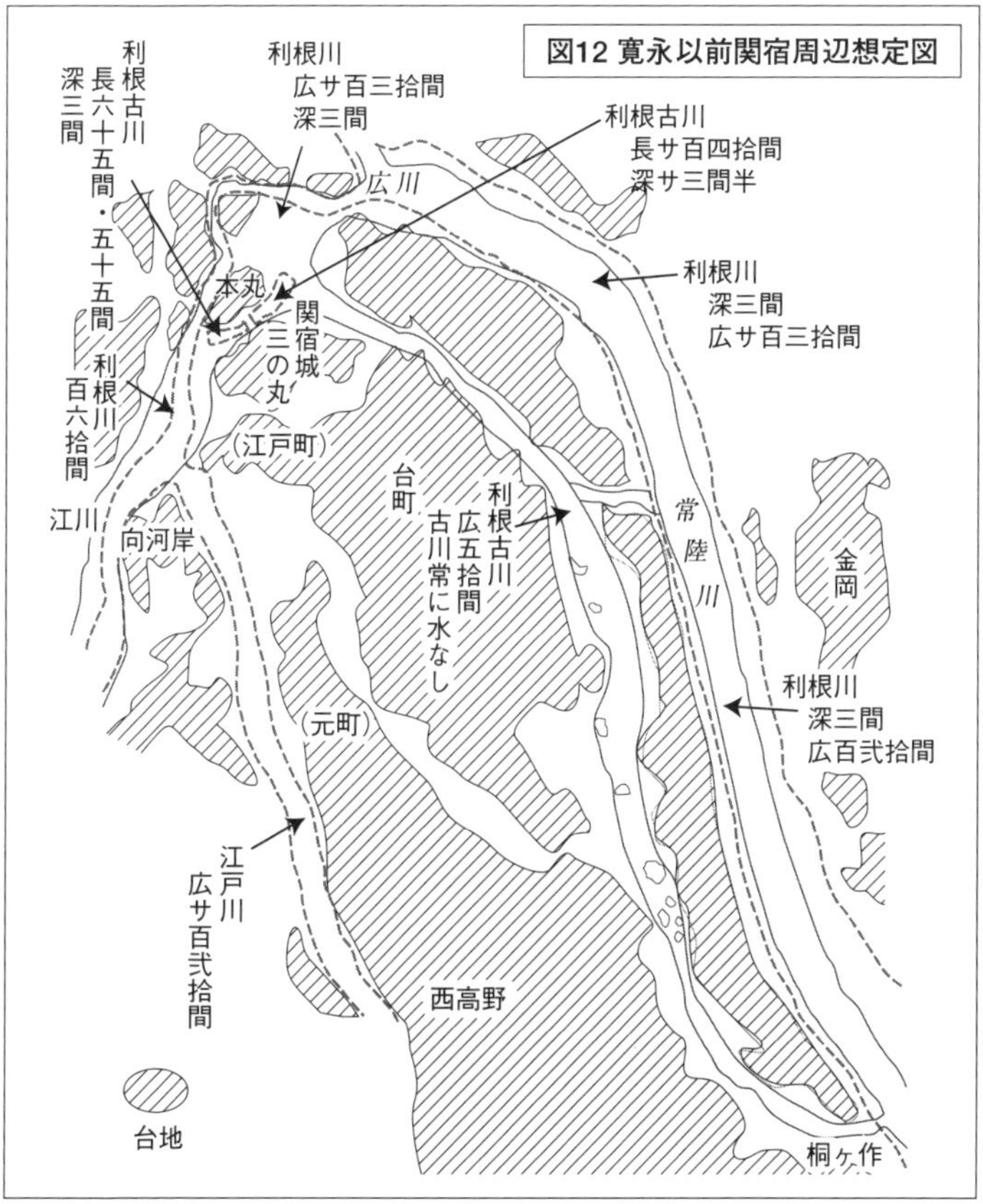

図12 寛永以前関宿周辺想定図

伍は言いますが、これでは扱う側にはためらいが生じます。「いつの時代に、どこの誰が開削して、舟が通ったという文書がほしい」。そう願うのは当然です。しかしそれは見当りません。

では、なぜ、それがないのだろうか。考えて行きついたのは、いつ・だれがやったのではない。自然に、水路が古くから存在していたから、誰も事あたらしく記す気にならなかったのだと。では、それはいつのことか、と自問して、縄文海進の時代にまで遡ってしまいました。

六〇〇〇年以前、平均気温が二度ほど高かった時代に、海は関東平野の奥に進入し、奥東京湾や奥鬼怒湾になっていました。貝塚が、いまの渡良瀬遊水池をめぐり、栃木県藤岡町の篠山、野木町の野渡や、群馬県板倉町の海老瀬などにあります。海に包まれた下総台地の切れ目が関宿にはあります。(図5・12・13)

縄文時代が見直されて、水上交通も活発だったとすると、この関宿の隙地を、舟が往来したであろうことは、当然であったと考えます。関宿水路は「逆川」ではなく、「海峡」だったとみるべきでしょう。

やがて海退期になっても、地形的にこの水路は通航可能でした。鈴木理生『江戸はこうして造られた』には、

関宿とその北の五霞村付近では、増水期には利根・鬼怒水系が合流することもごく普通のことであった。(一九三頁)

とあります。岡野友彦『家康はなぜ江戸を選んだか』は、

図13 関宿周辺図（縄文海進時想定）

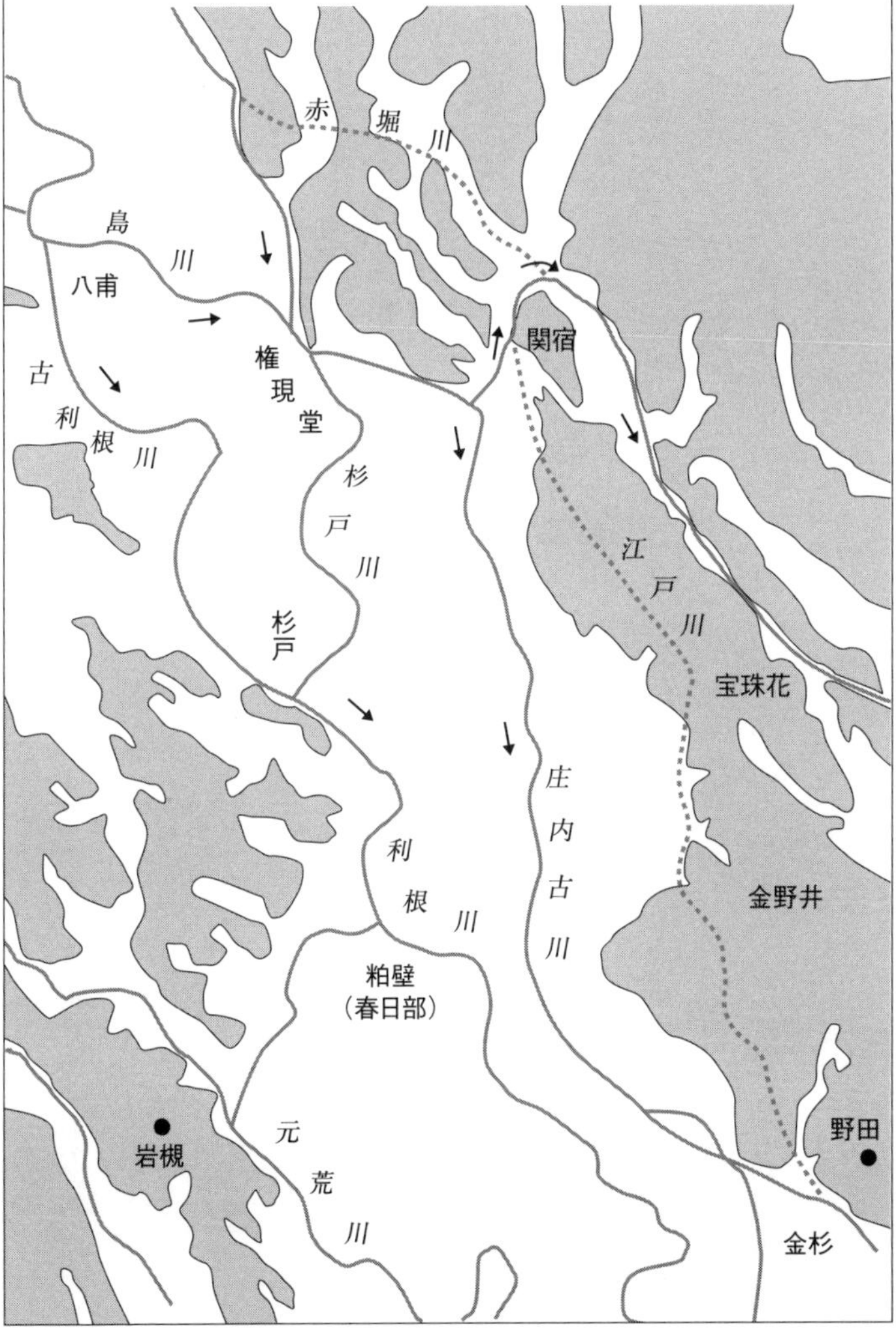

あるいは古代において離れていた利根川と常陸川が、中世の冷涼多雨によって一時つながり、十六世紀以降再び離れるようになっていったと考えることも可能かもしれない。（一一五頁）

とみています。両者とも、関宿の自然条件がさして舟航を阻むような難所とはみていません。とするならば、渇水期にも舟航可能なように、水路を浚うほどの工事は、地元の支配者の力でもできたとみても無理はないと考えます。むしろ放置しておく方が不自然です。

縄文時代から近世に至るまで、関宿水路は、利根・渡良瀬と常陸川のひどい渇水期はともかく、舟が通っていたのです。そこで「関」が置かれたことから「関屋津」―「関宿」の地名が生まれます。平安時代に、香取神社が古利根流域に分布したのも、この水路があったからではないでしょうか。そして、この水路はかなり広かったと考えられます。

下川辺氏から梁田氏―後北条氏、そして徳川氏の時代へと進み、物流が盛んになるほど、舟が活躍し、関東水運の要として、関宿は重視されるようになります。そして舟が大型化するにつれ、河川は人工を加えられて、水路として改造されます。関東平野の西と東の接点である関宿水路は、増削されて逆川となり、時には利根川となるなど、そして棒出し設置、強化に至り、利根川東遷のキーポイントとして、様々に論じられてきました。それを、時代順に解明してみます。

第三章　中世の利根・渡良瀬改修工事

1　利根川「変遷考」の考

汎利根川は、中近世の改修工事で、東流と単川化が進みます。同時に、渡良瀬川・鬼怒川・小貝川等を併せて、大利根らしくなります。一方、荒川は西遷し、独立河川になります。これらの工事を、いままでは「治水」を目的として考え、論じてきました。

その常識をゆるがしたのが、小出博の『日本の河川』でした。「一般には、治水が利水に先行して行なわれることはないといってよかろう」「利水は中世を通じて発展し、近世になると、治水によって利水の一層の発展を期待し得る段階に達していたと考えられる。利水が常に先行し、治水はこれを追ってすすむのが、河川社会史の一般的な形」（七〇～二頁）という説です。

この「法則」を、これまでの利根川治水論に当てはめてみると、どうなるか。根岸門蔵の『利根川治水考』中の「流路変遷考」には、次のようにあります。

図14 中世の谷中・関宿周辺地形
（『利根川百年史』『平将門』参考に作成）

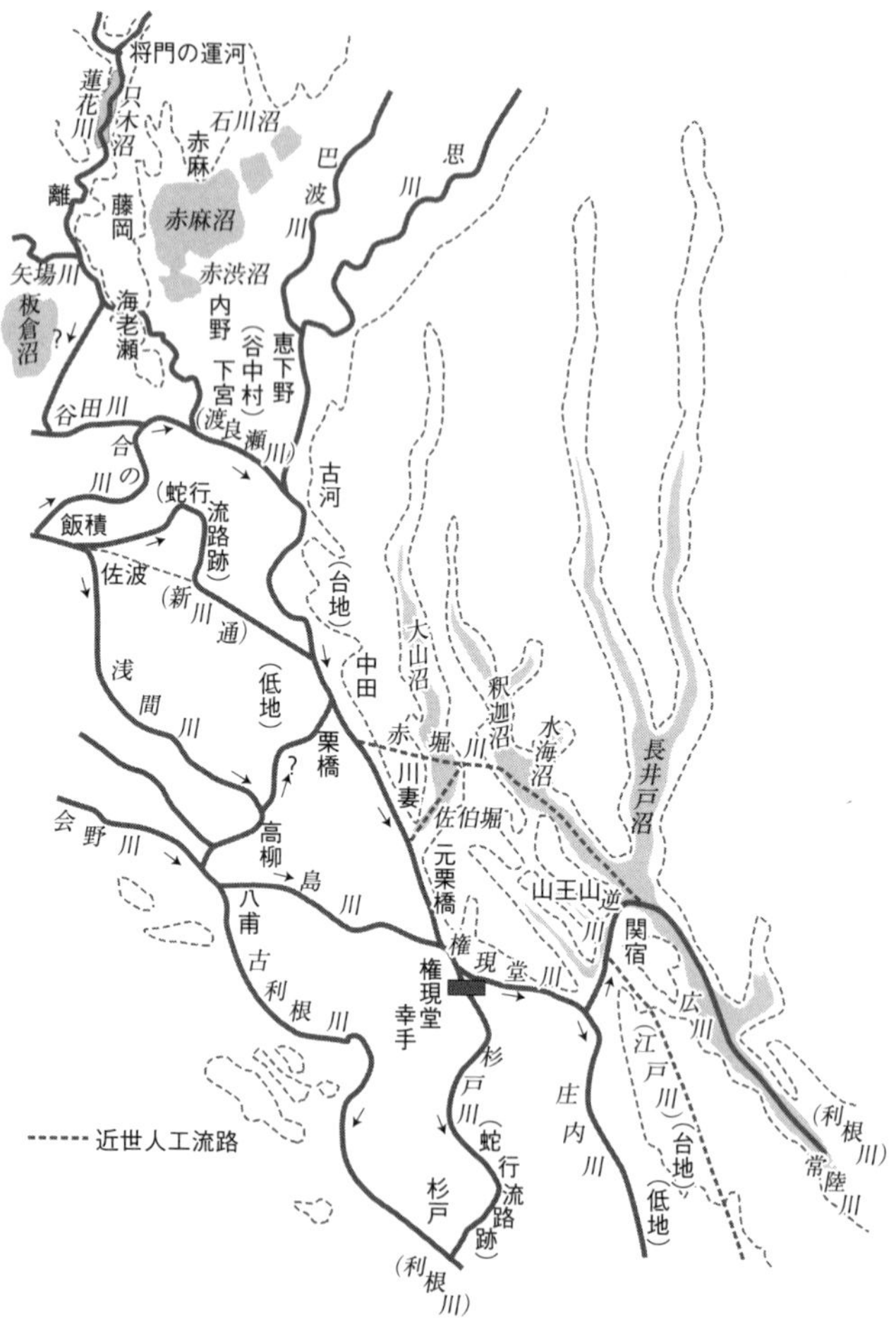

第一変遷、太田道灌による濫流整理。葛和田から綾瀬川・荒川・隅田川・江戸湾コース。
第二変遷、松平忠吉の命で、川俣締切りによる東流。（いわゆる東遷一号工事）
第三変遷、新川通開削。
第四変遷、赤堀川開削。文化六年四〇間となり、利根の名ここに移る。

これら工事の目的について、太田道灌も「僅カニ疎水ノ計ヲ為シタルニ過ギズ」とし、「天正四年ニ至リ始メテ、彼有名ナル権現堂ノ堤ヲ築ケルコト、武蔵風土記ニ見エタリ」と記しながら、何故にした工事なのかは説明していません。第二変遷も、江戸川を整備して「之ヲ新利根川ト称ス。是即チ徳川氏ノ治下ニ於ケル第一回ノ経営ニシテ、近世利根川治水事業ノ発端トスベシ」とみています。

題名が「治水考」だから当然ですが、すべてを治水工事としています。これを、「利水が先行して、治水が後追いする河川社会史」の視点で、みなおすことにします。

2　汎利根川水運と関宿舟航可否論

汎利根川に関する治水工事の記録を、『利根川治水考』から摘記すると、

一一九四年（建久五）武蔵国太田庄の堤修固のこと
一二三二年（貞永元）武蔵国柿沼堤大破により修固せしむべきの由
一二五三年（建長五）下総国下河辺庄の堤を築き固むるの沙汰あり

などがあります。小出博の「常に利水が先行し、治水は遥かにおくれてこれを追う事実」からすると、こうした堤防工事も、治水よりは、利水の観点から見直す必要があると思います。ただ、古いことで、これらの堤が、水運とどうかかわったのか、わかりません。柿沼堤については、中条堤の関係でふれます。

とにかくこの頃から、舟航がさかんだったことは言えます。その証拠には、水路関が設けられていたことが判っています。

たとえば、一二七九年（文永九）、下総の神崎関を管理していた千葉為胤と、伊豆走湯山の燈油料船五〇艘のうちの一艘との、関銭をめぐる争いがありました。これは幕府の崇敬をあつめた神社に、燈油料を納めることで、特権を得ていた船が、常陸川水系から利根川水系・東京湾にかけて、五〇艘も航行していた事実を示してします。

「中世東国の水運について」と題した講演の中で、峰岸純夫は、九十九里沿岸の塩を銚子の所から入れて、ずっと内陸の方へ常陸川を遡って行く。この常陸川水系は最後の関宿付近まで行くわけですから、塩あるいは海の魚、霞ケ浦の魚等を積んで、そして西の方の内陸深く航行するということもありえたわけです。
当然その逆の面としては、香取社領の年貢等が下り貨物として運ばれて来たと思われるのです。（略）この水系は関東の東西交通の大動脈であったといえると思います。（七頁）

このように常陸川と関宿の重要さを語っています。そして、西からは秩父長瀞原産の緑泥片岩を使った青石板碑＝供養塔婆が、荒川水系から利根川水系・常陸川水系を、船か筏で、小貝川辺まで輸送されたとみています。

鎌倉後期から南北朝をピークとして室町時代・戦国時代ぐらいまで関東一円の石製の卒塔《そとう》婆《ば》として大量使用された。それは四万基とも言われるような板碑が一つの分布圏、文化圏を形成しています。（同前書一〇頁）

このように、塩や魚が東から、青石板碑が西から、関宿を経由して運ばれたことに注目しています。それでも、小笠原長和氏はこの関宿付近で常陸川水系が大井川［ママ］水系と水路でもって結ばれていたのではないかと推測しています。それはかなり可能性が高いと思いますし、戦国あるいは近世初頭になりますとそのようなものが開けてきた可能性はかなりあるけれども、それを鎌倉時代にまで遡ることができるかどうかについてはもう少し検討の余地があるかも知れません。しかし、本当に僅かな距離ですから陸路で積荷を積み替えることは造作ないことと思います。

（同前書一四頁）

と、関宿が関東水運の要であると認識してはいても、吉田東伍・小笠原長和説を肯定的に、否定する「積み替え」を捨てきれてはいません。

　この説明に関して、私が疑問をいだいたのは、「本当に僅かな距離」なのに、誰も連結水路を掘ろうとしなかったのだろうか。そんな事はないはずだ。わずかな距離でしかないのに、重い石を積みかえる非能率、不便な輸送方法に耐え続けたとする方が、むしろ不自然ではなかったのか。否定説の岡田友彦でも、増水時には通交したであろうとする程度の「障害」ならば、運河をつくることは易々たる工事だったはずです。

　いずれにもせよ、文書記録の「証明書」はありません。それだからこそ古来広く浅い水路があったことを裏付けるのです。それゆえに古河公方や簗田氏が、この地を重視して、関宿城を堅守したのです。それについては、享徳の乱の時に足利成氏が古河公方となって古河に入ったり、あるいは栗橋とか関宿といった所を転々としながら、この地域に一つの地域権力を作るわけですが、このことはやはり、こういう地域が持っている流通の結節点という非常に重要な地点を政権の拠点としたという点は見逃しえないことだと思います。（同前書一四頁）

という峰岸純夫の見解を、特に重視します。そして、くどいですが、結節点である関宿は、縄文期以来の水路があったと認識すべきです。「誰が、いつ掘った」の問題ではないことを呑み込むべきです。

このような流通とその結節点の面から、次に太田道灌の利根川改修工事をみることにします。

3　太田道灌の利根川改修のねらいは？

根岸門蔵が、太田道灌の改修工事を、「利根川の第一変遷」としたことは既述しました。何のためかといえば「僅《ワズカ》ニ疎水ノ計ヲ為シタルニスギズ」でした。本間清利の『利根川』には、『埼玉県史』によると、長禄元年（一四五七）太田道灌が江戸城を築くにあたり、利根川

の乱流河道を整理して江戸を水害から守るため（一九八頁）

にした工事とあります。他の著作物も、すべて道灌の工事を治水の観点で扱っています。これでは小出博の「利水が治水に優先」した法則には適合しません。模索を続けるうちに、ようやくめぐりあえたのが、鈴木理生『江戸の川・東京の川』です。

この時代（享徳の乱―著者注）になっても、利根川は依然として関東地方の二大勢力の境界線としての役割をもっていたのである。この場合の境界線の意味は、利根川河流の〝制河権〟つまり流通手段の奪い合いの場としての「境」であった。（七六頁）

文中の「制河権」という新鮮な用語は、まさに道灌の改修工事の目的を、ズバリ言い当てていると思いました。

それというのも当時の関東は、すでに動乱のさ中にありました。一四五二年（享徳二）に勃発し、三〇年近く続いた、いわゆる享徳の乱です。古河公方とよばれた足利成氏と、幕府（天皇までも）を後楯とした、成氏の重臣で関東管領の上杉氏とは、互いに相手を打倒すべく、死闘をくり返したのです。京都の応仁の乱に先んじて、東国は戦国時代に入っていました。このとき太田道灌（資長）は、江戸城を築き、岩槻城主たる父道真（資清）と共に、上杉方の柱石として、重きをなしていました。

対する公方成氏は、渡良瀬川沿いの古河を居城とし、関宿城を簗田氏に守らせ、渡良瀬川（太日川）から、常陸川の制河権を掌握していたのです。流通手段の奪い合いでは、ややもすれば、上杉方が劣勢でした。そこで道灌は、利根川筋の制河権を確実にするために、上杉方本陣五十子《いかっこ》に近い葛和田から、太田道真の岩槻城下を流れて、江戸城下で海に入る水路を造成したのです。（図15）

利根川幹川を定めたとされた工事は、治水ではなく、利水＝水運支配のためでした。これによって、西関東から信越地方と、江戸との結びつきは強固となり、道灌に富と力をもたらしたのです。それは、江戸の重要度を、

一方でははるか伊勢・熊野の地から、品川へとたどりついていた太平洋海運と、一方では銚子や関宿・栗橋から、浅草・葛西に通じていた利根川・常陸川水系を、相互に結びつけるという江戸の位置づけは、既に平安時代から、中世を通じて充分にその重要性をもっていたものと考えられよう。

とする岡野友彦（『家康はなぜ江戸を選んだか』一四五頁）の説が、その裏付けになります。さらには、

図15 太田 道灌の利根川改修当時

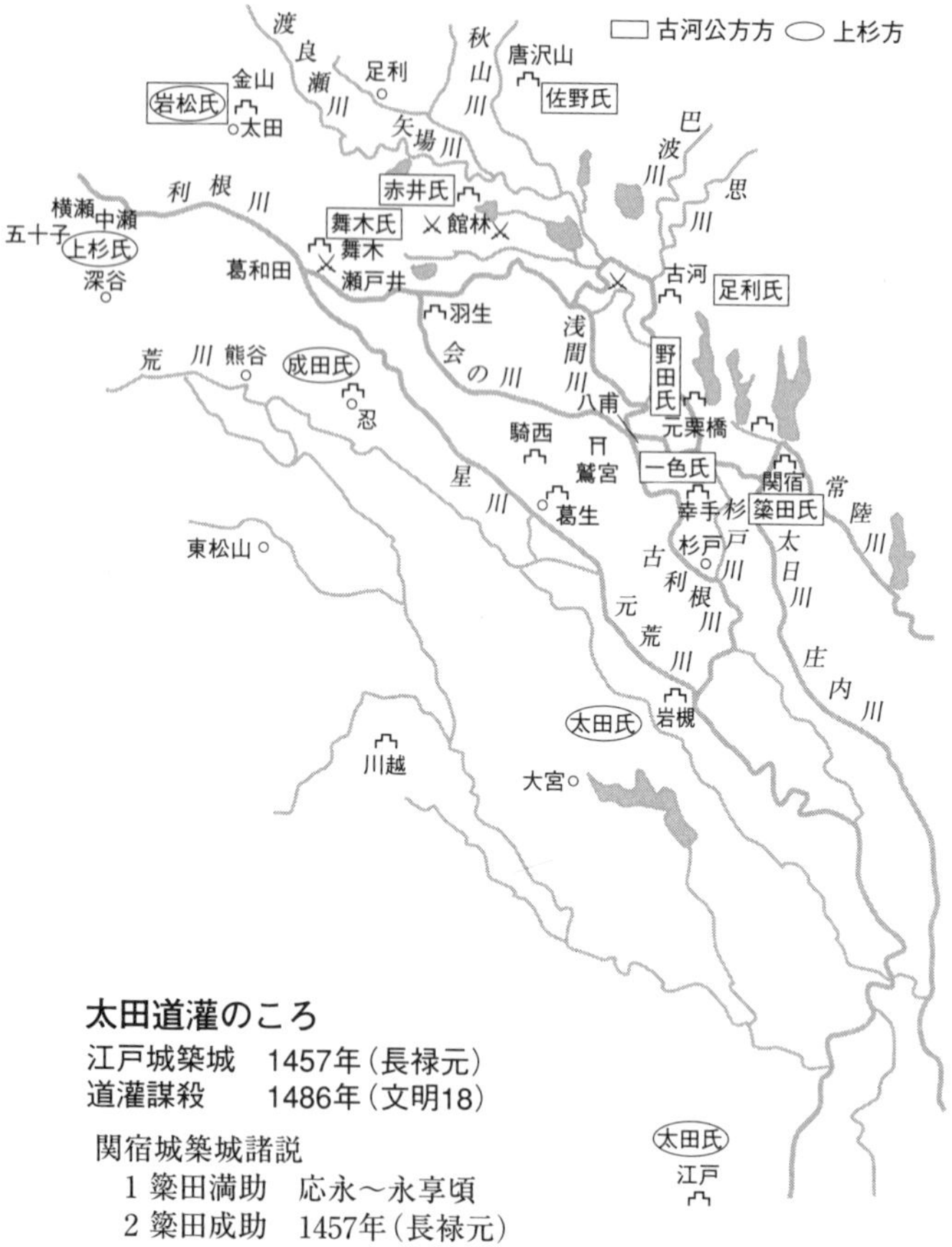

太田道灌のころ

江戸城築城　1457年（長禄元）
道灌謀殺　1486年（文明18）

関宿城築城諸説
1 簗田満助　応永〜永享頃
2 簗田成助　1457年（長禄元）
（持助の誤りか）
3 成氏の古河移座と同時　1455年（康生元）
簗田氏水海城から入城

　武家勢力の抗争とは別の次元で独自の流通体系をもっていた江戸湊の実力者矢野氏との外交的交渉ないしは妥協（略）つまり道灌は矢野氏を中心とする江戸湊の通運業者集団を古河公方側から切りはなす役目を、幕府からも父親からも押しつけられたわけで、父資清は当時四七歳前後という年齢を考えた場合、弱冠二四歳の道灌への家督譲渡は、道灌が江戸築城、つまり江戸湊勢力との妥協が失敗した場合を想定したうえでの捨て石的措置であった。

との観測（鈴木理生『江戸の川・東京の川』七八頁）もあるほどです。

　道灌は、江戸築城以上の難件を、見事に処理し、城を築き、内陸水路――利根幹川――を定めて、江戸のさらなる繁栄をもたらしました。それから一四八六年（文明一八）に、主君上杉定正に、五五歳で謀殺されるまでの、約三〇年間、京都や鎌倉の文化人・僧侶と交遊して、武名（常勝の足軽傭兵隊）と共に、文名を高めました。

　道灌の親友の詩僧漆桶《しっとう》万里他の詩文に、江戸のにぎわいが写し出されています。すなわち北は浅草観音の「巨殿・宝坊」が、海に映えてそびえ、南は「東武の一都会」をなした品川まで人家が続き、湊には大小の商船漁船が群がっている。そこでは信州の銅、越後の竹箭、相州の旗旌・騎卒、房州の米、常陸の茶などから、泉州（中国か）、和泉・堺などからの雑貨・染料・繊維製品、工芸品などが扱われていたのです。

このような海陸水運の結節点江戸の繁昌は、おそらく東関東・東北地方とも、関宿水路を通じてつながっていたからでもあったと考えられます。

古河公方成氏と、関東管領上杉氏および幕府の争いは、一四八二年（文明一四）に至り、ようやく「都鄙《とひ》の合体」が成立して、戦火が消えました。将軍は義政から義尚に代り、道灌は五一歳になりました。それから四年して、相模国粕谷にある主君上杉定正の館で、道灌は風呂の小口を出ようとして、曽我兵庫に斬り倒され、「当方滅亡」の一語を遺して絶命しました。

その通りに、やがて上杉氏は、伊豆に興った後北条氏に逐われて、越後に逃れ、家臣長尾氏に関東管領職を託します。後に上杉謙信となる長尾輝虎は、関東にしばしば兵を進め、小田原に後北条氏を攻めました。

その間に古河公方は、後北条氏に取りこまれていき、簗田氏は関宿城に拠って、自立を目指しました。武蔵・相模を固めて、上野・下野・下総へと勢力を拡大し続ける後北条氏、越後から三国峠を越えて、北関東を支配しようとする上杉氏、信州を収めて上州に進出する武田氏の三大勢力のはざまで、簗田氏の他に、足利の長尾氏、太田金山の由良氏、館林の赤井氏等は自己保存を謀りました。そこを渡良瀬川は流れていました。

4　長尾氏の渡良瀬川改修

図16 長尾氏時代の渡良瀬川
（古跡足利城之絵図より・鑁阿寺所蔵　部分図）

渡良瀬川は、何万年となく、西から漸次東へ、流れを遷してきたことは前述しました。古代、中流部は矢場川とよばれて、上州・野州の屈曲した境界になっていました。それが野州内を直流して、足利市街地辺を通過するようになったのは、鎌倉時代ともいわれますが、さだかではありません。

「古蹟足利城之絵図」には、桐生方面から、矢場川を離れた流れが、借宿で分かれて描かれています。ほぼ現河道とおなじく東流するのと、浅間山西を迂回、南東流する川とです（図16）。いまは御厨用水となっているのがそれで、かつては足利郡と梁田郡の境だったことからも、「御厨川《みくりや》」というべき、相当な流れがあったと推定できます。この御厨川は、桐生川や松田川の下流であった、そこへ矢場川の分流が乗り込んでいた時代が考えられるのです。

その御厨川が、矢場川以上に用水堀化したのには、人工が加えられたからです。吉田東伍は、永禄年中の足利、簗田、館林、この地方は皆足利長尾氏の領分である。然らば是は長尾氏の当時の政策、戦略にも考へ合せねばならぬ。（略）

大きな利の下には小い害を顧みないことがあるから、水を足利の方へ引き入れたものか。凡古今の事はそれ等の為に行はるゝのでありますから、永禄年中に川瀬の変ったことも、必ず時の経済政策、或は農業政策、ならびに戦国の戦略と云うことが之に与ったものと思ひます。（『利根の変遷と江戸の歴史地理』一九七頁）

と、「水を足利の方へ引き入れ」る工事があった可能性に、言及しているのです。田中正造は、それを具体的に「渡良瀬川ノ分流ヲ借宿ニ〆切り」（『全集』⑪四三五頁）としています。いつの時代とはしていませんが、借宿締切り工事で現河道が主流になったのは、永禄年間（一五五八〜六九）と思われます。『近代足利市史』（通史編第一巻、三〇八頁）は、

『足利興廃記』に記されている永禄十年（一五六七）新町設立の「先年」の洪水とは、この永禄五年（一五六二）・八年（一五六五）の大洪水と考えてよいと思う。鑁阿寺を水びたしにして五箇郷を荒廃させ、その水勢は八幡山—岩井山の線上の低地をえぐり、一斉に古河をおそって泥土と化せしめた。このようにして渡良瀬川の変流が決定的になったのではないだ

ろうか。

とみています。長尾氏が、現河道に流路を定めたあと、洪水になったのか、洪水で出現した流路を、そのまま活かして固定化し、水運の便を図ったのか。いずれとも決めかねます。考えられることは、渡良瀬の急流が、矢場川筋を離れて、桐生川・松田川・袋川等に乗り込み、岩井山に当っただろうということです。

工事者のすぐれた才覚は、岩井山の北を直行させずに、山すそを南に迂回させた点です。急流は、山に当って、田中から猿田《やえんだ》へと南回りで東に向かうと、猿田では緩流になり舟行が楽になります。これによって猿田河岸は足利の外港として繁栄します。(図17)

5　人工の難所権現堂堤

近世近代と、利根川水運の大動脈だった権現堂川は、

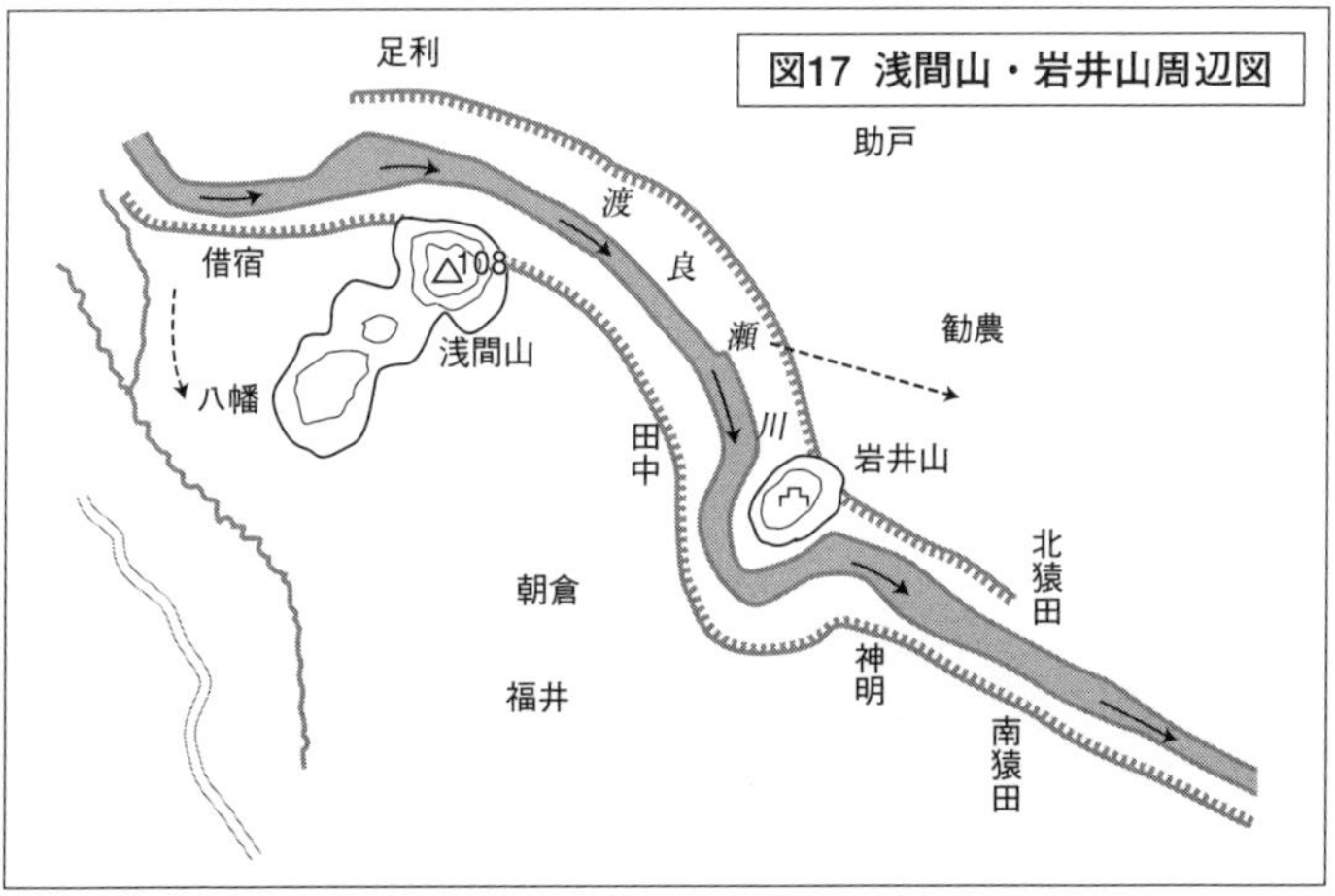

図17　浅間山・岩井山周辺図

河川工事によって一九二七年（昭和二）に締切られて、水流は絶え、長大な権現堂堤が桜の名所としてにぎわいを見せています。ところで、この堤防は、いつ・誰が築いたか。それは良く知られています。が、なぜ築いたか。それにはまったく触れられていませんでした。

そしてまた、権現堂堤は、利根川治水上では最大の急所でした。江戸っ子が、

「権現堂が切れると、観音様の屋根がもぐる」

「権現堂が切れると、湯島天神の石段まで水がおしよせる」

と言い、警戒したと伝えられたほどでした。どうして、そんな急所なのか。まず、吉田東伍の『大日本地名辞書』の「権現堂」をみます。

権現堂村とは、熊野神を祭れる祀堂あればなり。利根川の一支此をすぎ、権現堂川といふ。堤五三〇間、高さ一丈余。当所は水流屈曲の所に当り、水勢の突掛《つっかけ》殊に励しく、堤の修繕堅固ならざれば保ち難し。（略）天正四年初て築く。江戸まで水路二五里、慶長四年の文書に、権現堂河岸の名あり。（坂東編三一二六頁）

一読して、治水の難所であることがわかります。巡礼母娘を人柱にした悲話さえあるほどです。ところが、ここは人工によってできた難所なのです。

小出博は、治水学の見地から、その「不自然さ」を、次のように指摘します。

上利根川で、洪水による破堤氾濫が起こりやすいところが二箇所あり、一つは酒巻の中条堤で、もう一つは権現堂川である。権現堂川は江戸時代はむろん、大正年代に締切って廃川になるまで、上利根の急所としてもっとも恐れられた箇所の一つであった。破堤の原因の主たるものは、この不自然な河道を造り上げたこと……（『利根川と淀川』一六八頁）

にあるとします。不自然さとは、真っ直ぐに南流していた大河を、直角に、権現堂堤で東へ曲流させてしまったことでした。以後、「水害は社会史の一コマ」の見本ともいうべき堤防になりました。これは、治水工事ではなかったことは明白です。

権現堂川は権現堂で流路を直角に曲げて西［東］に向う。古くは権現堂から南に大きな蛇行を描きながら堤根で古利根川に流入したらしく、見事な河跡がある。この蛇行河跡が廃川になった時代はむろん明らかでない。（同前書一六七頁）

ここでも判ることは、南流して古利根川に合流していた、見事な河があったことです。廃川になった時代は明らかで、根岸門蔵も、

天正四年ニ至リ始メテ彼有名ナル権現堂ノ堤ヲ築ケルコト武蔵風土記ニ見エタリ（『利根川治水考』一〇八頁）

としているのです。

大きな「なぞ」は、自然に南流していた「蛇行河跡」（私はこれを杉戸川と命名しました）を廃して、なぜ直角に東流させたのか、です。しかも、もっと不自然極まるのは、

直角に西〔東〕へ流路を変えた権現堂川は、約四キロメートル西〔東〕流して上宇和田に至り、ここで再び北に向って直角に曲り、約二キロメートル北の関宿で江戸川の流頭に連っていた。権現堂から上宇和田までは、島川の流路に多少手を加えたものであろうし、上宇和田から関宿の間は、五霞上沼と下沼の細流があったらしくすでに中世に通舟をみたという記録もある。この細流に沿って開いた河道であろう。（『利根川と淀川』一六七〜八頁）

いわゆる「逆川」コースについて、小出博は中世の関宿水路を増削したのであろうと推理しています。それだけに、水流に難があり、とても「治水」からは説明不能事です。そんな工事の原型を、後北条氏はやってのけたのです。それは、いったい何を目的にしたのでしょうか。

6　権現堂堤築造―利根川東流第一号工事

後北条氏は、なぜ一五七六年（天正四）に、権現堂堤を築いて、杉戸川を締切ったのか。その謎解きを始めます。結論から言えば、利根川の水を、関宿から常陸川に向けて流したかったからです。すなわち、大型船が、佐倉や霞ガ浦方面から、関宿経由で江戸へ、小田原方面へ通航できるようにしたかったからです。南流する利根の水量を減らして、東流に振りむけようとしたのです。

この工事は、したがって利根川東流（東遷）工事第一号になるのです。現在の状況下では、質問「利根川東遷工事第一号はどこか」の答は、一〇〇パーセント「一五九四年（文禄三）会の川締切り」です。だが、その一八年前に、明確な意図を持って、上利根の水を、東へ向けた工事がなされていたのです。会の川締切りは、目的が開発だったと説かれていて、東遷の意図はなかったとみられてきました。それでも東遷第一号工事とされています。

実はそうではありません。当時の政局をみるとわかります。権現堂堤をつくる二年前の一五七四年（天正二）に、後北条氏は念願の関宿城を、ついに掌中にしました。上杉謙信の勢力を駆逐し、簗田氏と三度におよぶ関宿城合戦の末、ついに開城させました。その結果、関東水運の制河権をわがものにしたので、さっそく水路の整備に取りかかります。東関東と西関東の結節点であ

図18 戦国末期の関宿周辺

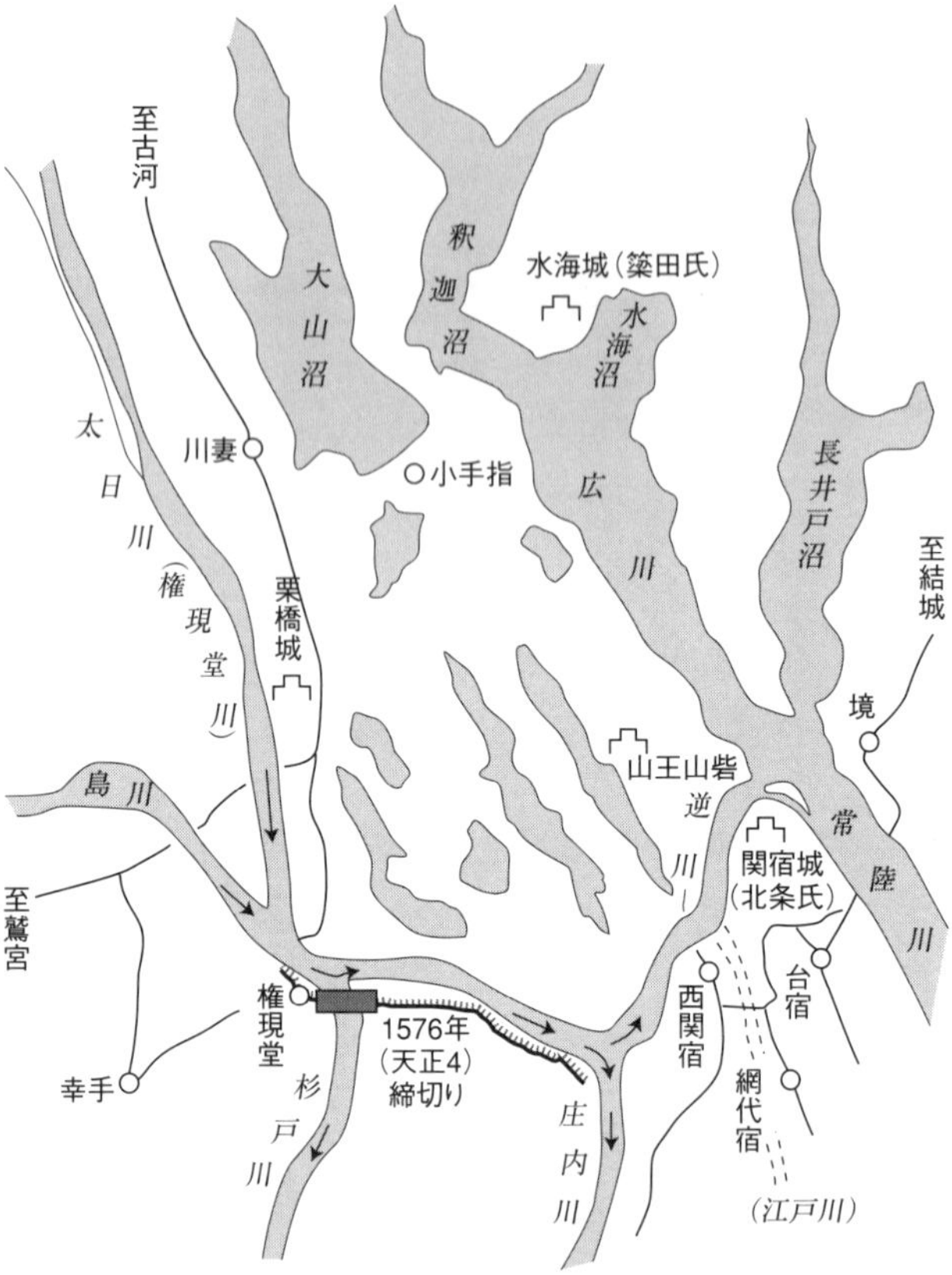

1565年（永禄8）関宿合戦（第1次）
1574年（天正2）関宿城明渡し
1576年（天正4）権現堂堤築造

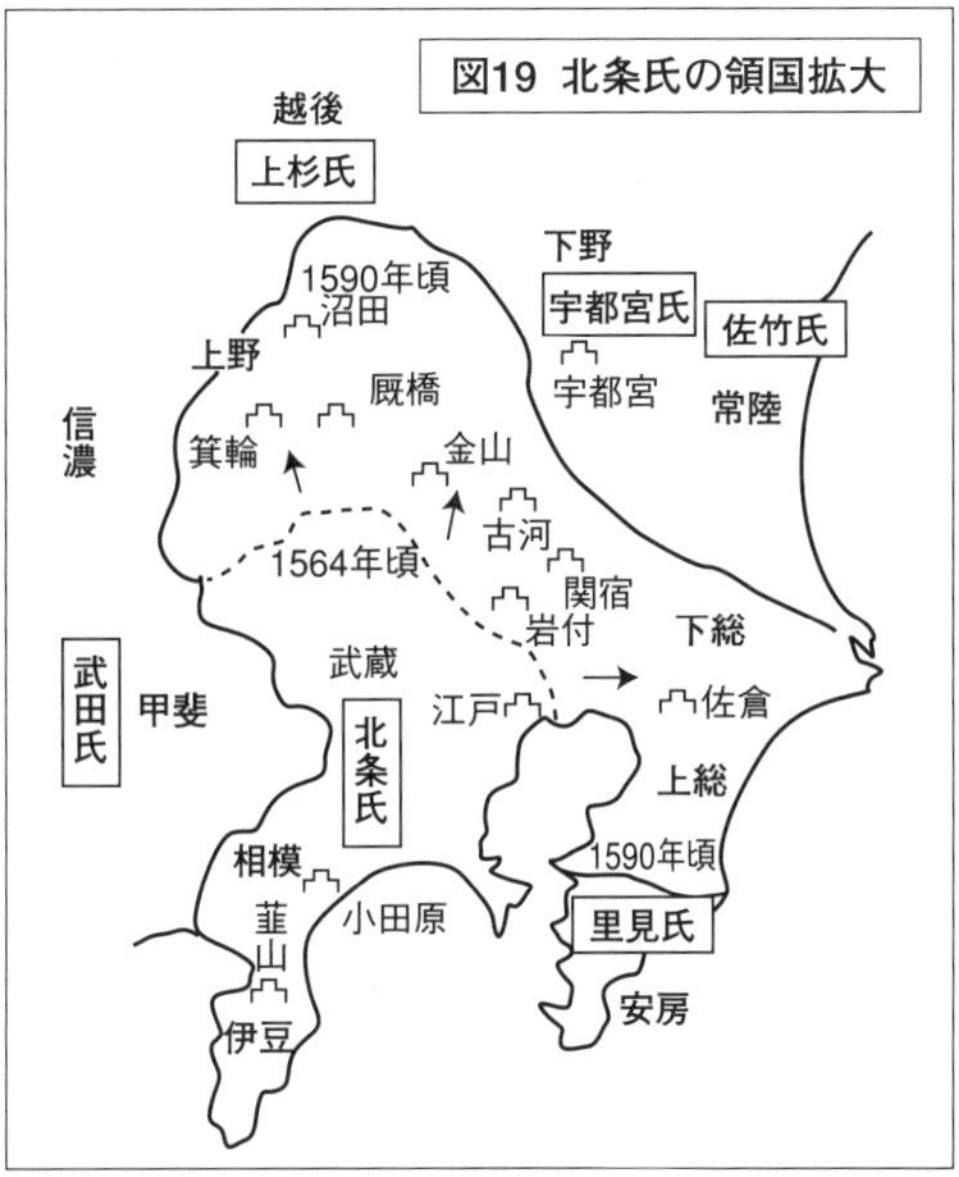

図19　北条氏の領国拡大

る関宿水路を、より大型船が通航しやすくするには、利根川の水を東に向けて流すことだと、南流する太日川（渡良瀬川）の分流である杉戸川を締切り、その全量を東流させて、庄内川に入れるほかに、逆川を通じて常陸川へと向けたのです。（図18）

天正初期は、後北条氏の「関八州国家体制」が、ほぼ成立する時期です（図19）。「御隠居様」と称された氏政や、その弟氏輝が、汎利根川水系の諸地域に発給した文書があります。一五七六年（天正四）に氏輝が、一艘の船に、佐倉から関宿・葛西・栗橋と、通航の保証證を与えたことは、先に述べました。

氏政が、一五八五年（天正一三）に作（佐）倉城主の重臣原豊前入道に送った、舟役徴収について、厳重に指示した文書もあります。文中には「作倉へも又関宿へも来りて商売を成し戻り舟ニ役取るべきは、異儀なく候」などとあります。小笠原長和は、

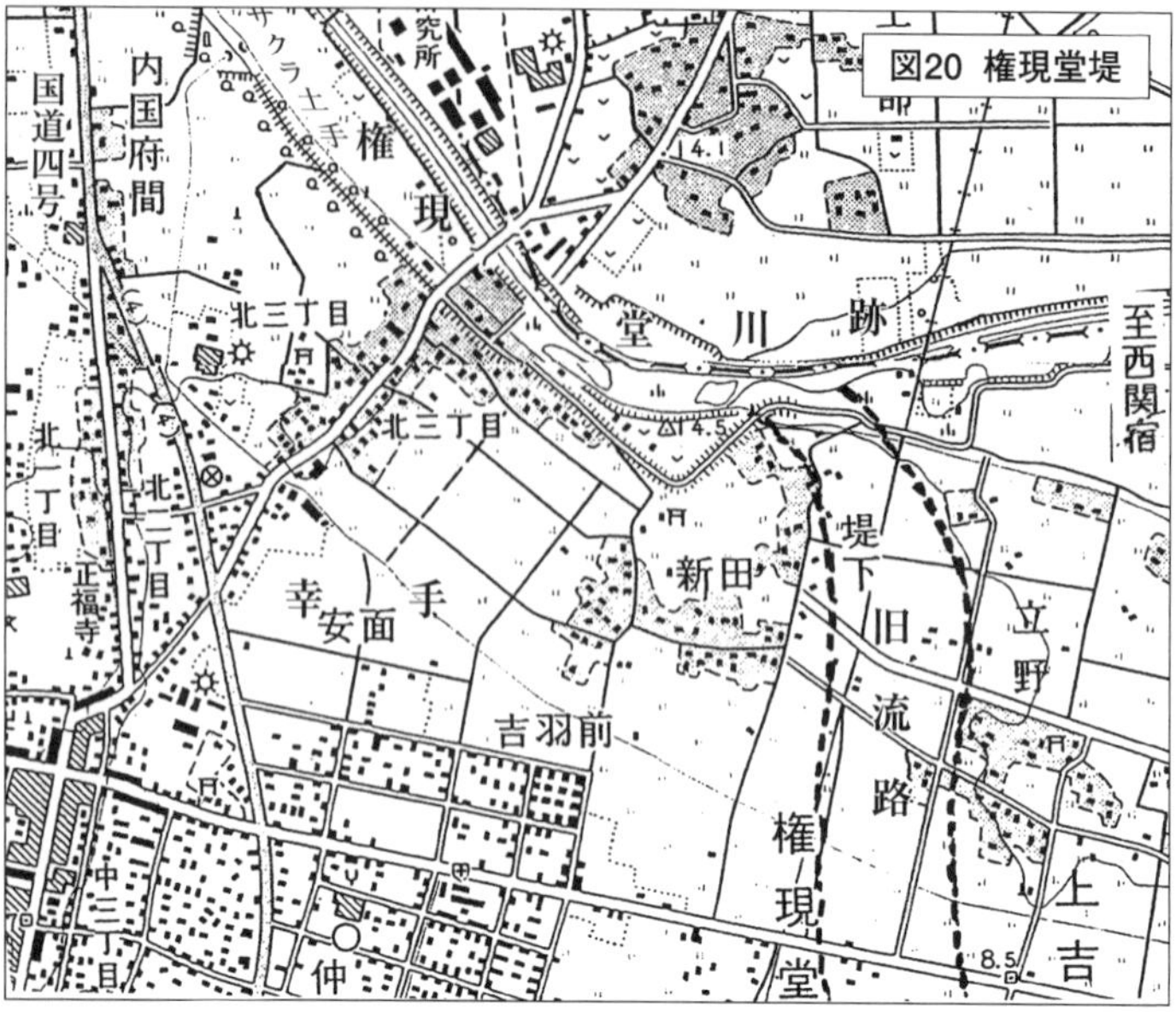

図20 権現堂堤

> 氏政の書状は、作倉・関宿間の通船可能な水流の存在を明確に伝えており、当時の常陸川の水流は、関宿付近で利根川の水流に連結していたことを示している。（『中世房総の政治と文化』一六〇頁）

と、関宿水路の存在を確認しています。この水路の補給水工事が、権現堂堤の築造だったと私は考えたのです。それ以外に、杉戸川締切りの目的はないからです。以上の事実からして、利根川「東遷」を言うならば、それは、会の川締切りではなく、権現堂堤による杉戸川締切りこそ、第一号工事であったのです。ただし利根川東流工事であって、東遷事業ではあり

現在は桜並木として花見客で賑わう権現堂堤

ませんでした。締切ると同時に、連続堤防の工事も行われたはずです。

「下総之国図」（船橋市西図書館蔵）を見ると、関宿城をめぐって、「堂々たる川」が描かれています。利根川が分流して、逆川経由で常陸川（下利根川）に流れていることを、文句なしに示しています。しかも、そこには「利根川」と記入がされています。

これは主として、後北条氏による権現堂堤築造による利根・渡良瀬の大水量を、逆川に分流させた工事によるものと思われます。松平氏の会の川締切は、これをさらに補充し、そして寛永の大工事によるさらなる東流へと発展したのだと私は考えます。

第四章　近世初期の利根・渡良瀬改修工事

1　文禄年間の利根河道整備事業

(1) 会の川締切りと中条堤（松平忠吉）

一五九〇年（天正一八）に、後北条氏を倒した豊臣秀吉から、関東に移された徳川家康は、江戸城に入り、新田源氏を称し、民情の安定をはかる施策をすすめました。たとえば武蔵国鷲宮神社に、四〇〇〇石の所領を与え、最高の処遇をしました。このことを、

当時の鷲宮および八甫が、利根川はじめ関東全域の舟運の、これまた中心的役割を果していたことを雄弁に物語るものだった。（『江戸はこうして造られた』一八七頁）

と、鈴木理生はみています。後北条氏五代の政策を継承する姿勢を示して、支配者交替が河川交

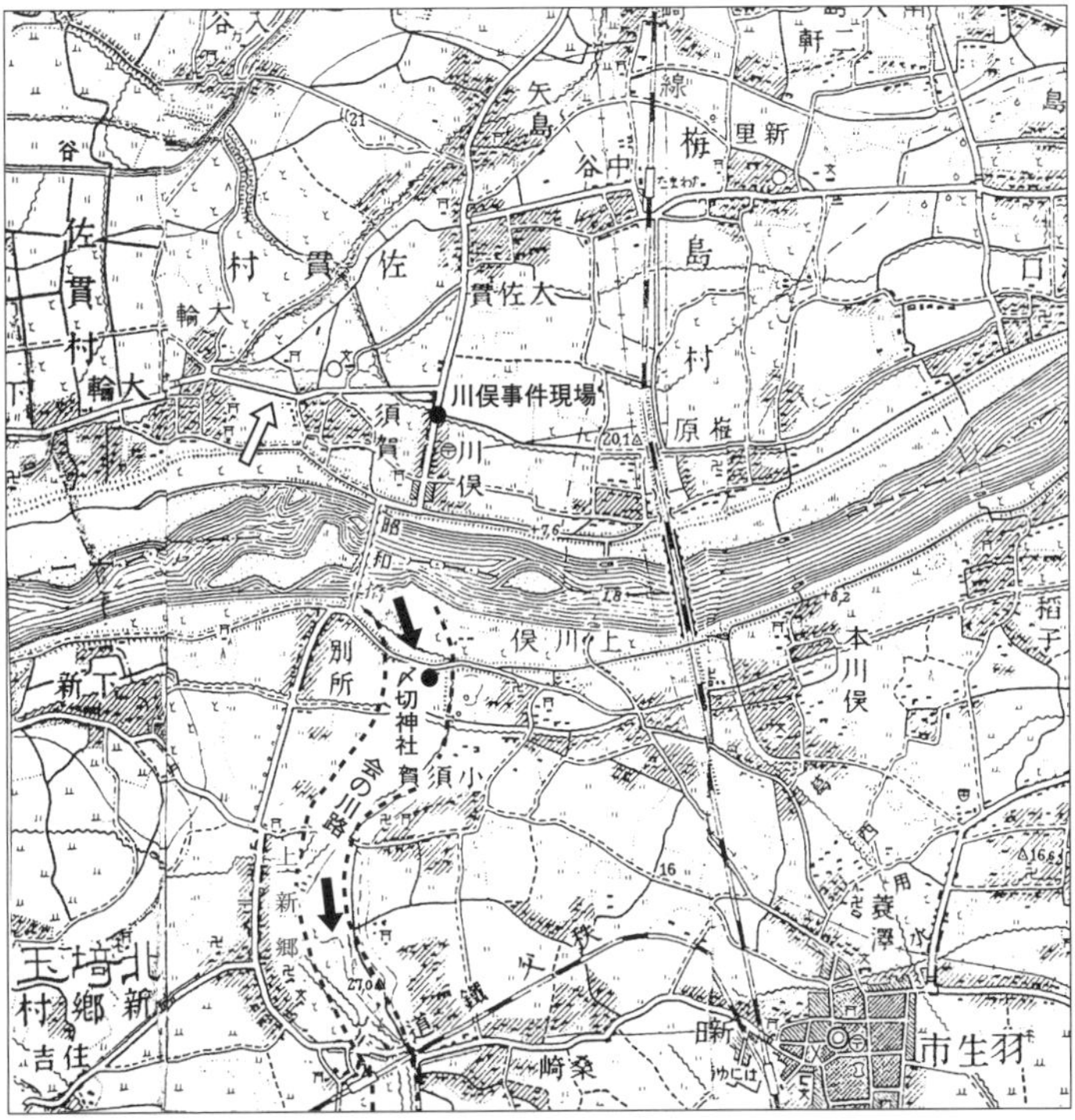

図21 川俣・会の川流路跡

通や流通事情に変動なしと印象づけたのでしょう。その上で、順次必要な改革に着手しています。第一に「小名木川工事」でした。一五九〇年（天正一八）、江戸入府と同時に、当時の利根川河口部から、江戸城下に、安定的な水路をつくりました。

次に着手したのが、利根川中流域の水路を安定させる工事です。

南流を東に変えて弥生かな　金子兜太
夏草や利根東遷の情熱愛《お》し　〃

一五九四年（文禄三、甲午）、家康の四男で、忍（行田）城主松平忠吉は、家臣小笠原三郎右衛門に命じて、川俣（埼玉県羽生市）で、東と南に分流していた利根川の、南流（会の川）を締切らせました（図21）。これを一般には「利根川東遷第一号」の工事としています。

この工事は何のためか。『利根川百年史』は、

会の川締切り、備前渠の開削、中条堤の築造は、埼玉平野における忍城を中心とした地域の開発を目指し、新川通・赤堀川の開削や常陸川筋にその洪水を導くことになった一連の改修は、古利根川、太日河（庄内川）筋の開発を目指し、鬼怒川・小貝川の付替えは谷原・相馬領の開発を目指して実施されたと考えられる。（一五〇頁）

と、すなわち一連の地域開発のはしりとみました。治水としてではなく、開発を目的とした工事と考えています。

だが、この工事にはマイナスも生じていました。上流の開発は、即下流の荒廃をもたらしたのです。『鷲宮町史』（上）には、

旧利根川や会ノ川流域の治水は安定し、新田の開発が促進されたが、逆に利根川と渡良瀬川の水量をまともに受けた庄内領は洪水のつど水が氾濫し水害で荒廃した。（一一八頁）

とあるので、開発説には首肯しがたいものがあります。ひとつの川にかかわる工事ですから、上下流を見渡してやるべきですし、必ずといってよいほど、被害側が加害側に、苦情を申し入れて、中止なり、対応策を採らせています。この「会の川締切り」は、上下流領主の利害を超えた、関東水運を見透かした工事だったということです。

この庄内領の荒廃は文禄三年の利根川改修以外には考えられないが、この庄内領の治水が安定し、新田の再開発が進められるのは、利根川が庄内川と切離され、新利根川（江戸川）となる寛永一八年（一六四一）を待たねばならなかった。（同前書一七九頁）

つまり、四〇年余をすぎた、寛永年間の大工事まで、改善されなかったのです。

これには一地域の大名が、自領の開発のために、他領を荒廃させたなどという以上の、つまり局地的利害を超えた目的がありました。家康の意志を受けて遂行された工事とみるべきなのです。その目的とは、治水ではなく、やはり関東内陸水運の大動脈たる、利根川水系の改良工事の一環だったのです。

この工事によって、利根川は、川俣から東流して、佐波（大利根町）で、浅間川を幹川とします。そして上宇和田から惣新田、椿を流れて太日川に合流するようになります。これは結果として、後北条時代まで栄えてきた鷲宮や八甫地域の減水をきたし、この地域は漸次水運の衰退をまねくことになります。

なお、会の川締切り工事を、利根川東遷目的の第一着手としていますが、私の説からすれば、後北条氏の権現堂堤築造が第一号であって、会の川締切りは「東遷（実は東流）第二号工事」になります。

江戸城に入った家康は、豊臣政権下の一大名としてですが、後北条氏の政策を、継承発展させることで、地力をつけていったのです。

利根川水運の発展は、そのために必要不可欠でした。会の川を締切ることは、利根川中流の右岸を強固にした工事の一環です。低平で南にゆるく傾いている埼玉平野は、古来利根川が乱流していました。それを固定化しようとしたのです。右岸に続き、左岸工事も行い、利根の流路を固定・安定させて、水の大道を創り上げたのです。洪水の安全策としては中条堤（図21）を固めて、遊水地を設けました。この利根川「治水」工事について、次にみることにします。

(2) 利根川左岸堤工事（榊原康政）と中条堤

右岸堤が整えば、左岸堤も同様です。これまでは洪水ごとに流路を変えていた利根川も、固定した河道に収まるようになります。左岸堤については一五九五年（文禄四、乙未）館林城主に任じられた、徳川四天王の一人、榊原康政が担当しました。康政の命で、荒瀬彦兵衛・石川佐次右衛門は、利根・渡良瀬両川の築堤工事にはげみました。

古戸（太田市）を起点に、古海・瀬戸井・川俣（明和町）から、下五箇（板倉町）の合の川（利根川分流）までの八里一七丁。高一五～二〇尺、敷巾一五～六間、馬踏三～五間の堤防（『上野国志』）が築かれたといいます。

『館林人物誌』は、

康政の館林に封ぜらるゝや、力を土木水利に致し、其功績大なるものあり。此地南北に利根渡良瀬の両大川を控え、一雨毎に氾濫して領民其災に苦しむ。康政依て新に奉行を設け堤防を築かしむ。（一四頁）

図22 中条堤・文禄堤（瀬戸井・酒巻狭窄部）略図
（宮村忠「中条堤遊水機構概念図」参照）

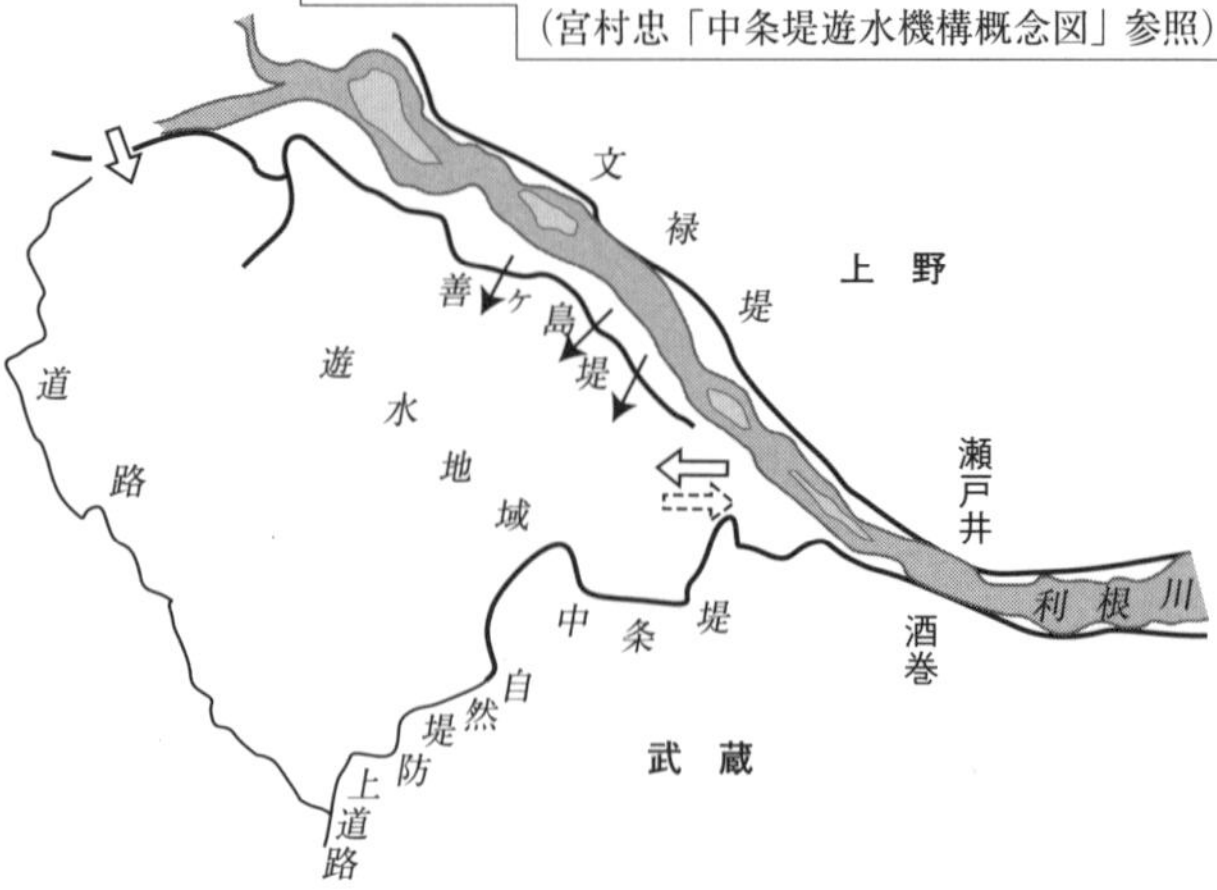

と、治水の功労をたたえています。

私が視るには、この利根川両岸工事は、治水目的ではなく、水運にあったとすべきでしょう。流路を固定された利根川は、より安定的な舟航路になります。

当代記に、慶長一二年、江戸城修造の時上州中瀬の方より、栗石を輸送すと載せたり。此渡津を経由して、上州の石材を送達せしならん。（『大日本地名辞書』坂東編三〇六七頁）

このように江戸の城郭造りをはじめ、年貢米の輸送路として、利根川・渡良瀬川は利用され、さらに大江戸建設になくてはならない水の道として仕立てられるようになります。

後北条氏が始めた水路整備事業を、徳川家康の命を受けた伊奈忠次が継いで、諸藩を動員して進めたのです。ですから、榊原氏や松平氏の単独工事ではなく、天下普請だったのです。

次に、中条堤についてです。榊原氏によって、左岸瀬戸井堤が築かれると、右岸酒巻にもすでにある中条堤を利用して狭窄部が造られます。（図22）

中条堤は一二五二年（建長四）の水越記録などからすれば、中世にはすでに存在していた説があります。目的は熊谷扇状地先端部下流で、湧水豊富な地域に設けられた溜井の保水機能を果すためであったと想像されます。したがって堤防管理のために、上郷下郷ともに賦役がなされていました。

利水の面でいえば上郷の権利がつよく、下郷は賦役に参加することによって利水の権利を確保していた。（宮村忠「利根川治水の成立過程とその特徴」『アーバンクボタ一九号』所収四〇頁）

それが、松平家忠の右岸堤、榊原康政の左岸堤工事に伴い、利水から治水機能を持たされるようになります。というのは右岸酒巻・左岸瀬戸井間の利根川幅は、大正年代まで四〇〇メートルと、人為的にせばめられていたのです。この酒巻・瀬戸井狭窄部で押えられた洪水は中条堤に支えられた地域に流入し貯溜される仕組が設けられたのです。これが伊奈流というのでしょうか。

利水のためにつくられた中条堤は、近世になり治水の目的で利用されるようになります。その効果たるや、上利根の洪水は、この遊水地に収容され、ここより下流は流量的には中河川規模の扱い易いものになったといいます。

このように治水機能が認証されるにつれて、下流側の賦役が増え、これに対して水に悩まされるようになった上流側は、賦役に加わることで、堤の嵩上げや水門操作の監視と発言権を維持したものと思われます。幕末になるほど、浅間の噴火などもあり、利根川河床が高まって、水害が頻発するようになると、中条堤は問題にされ、「論所堤」になります。結局、一九一〇年（明治四三）の大水害のあと、利根川改修工事の大問題となって、渡良瀬遊水池の拡大と引き替えに廃止されることになります。

(3) 渡良瀬川改流工事（榊原康政）

渡良瀬川が、矢場川筋から現河道に移ったのは、永禄年間（一五五八〜六九）であり、長尾氏による工事があったことは、先に述べました。が、それは桐生から足利にかけての流れについてで、佐野・館林辺では、まだ往古以来の矢場川筋も流れていました。

一五九五年（文禄四）に榊原康政が、荒瀬彦兵衛・石川佐治右衛門を奉行として堤防を築き、南の低地から、北の高い土地によせて、旗川・秋山川・三杉川筋に移しました。

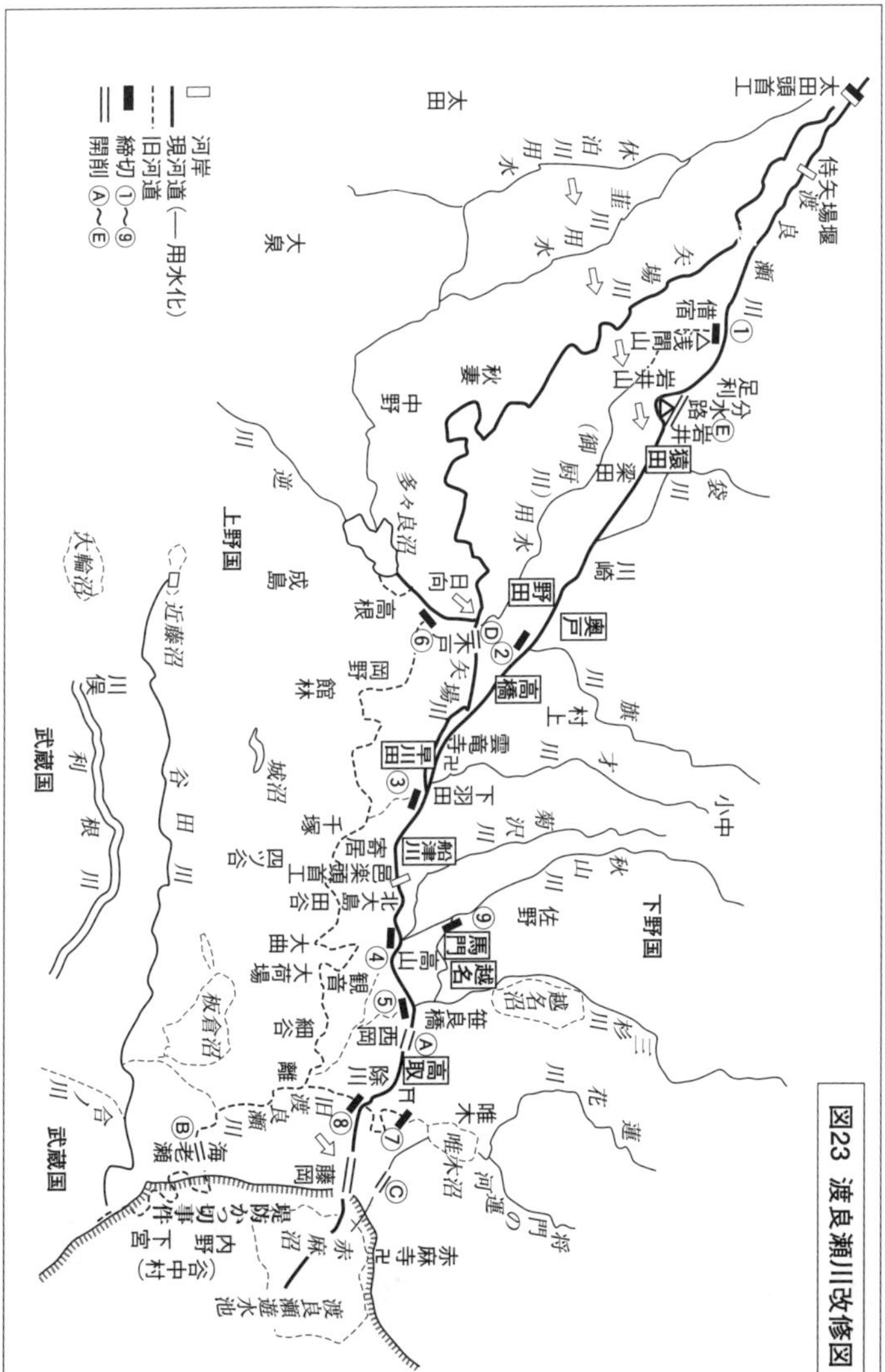
河岸
現河道（— 用水化）
旧河道
締切 ①〜⑨
開削 Ⓐ〜Ⓔ
太田頭首工
侍矢場堰
渡良瀬川
休泊川用水
韮川用水
矢場川
太田
大泉
借宿
浅間山
岩井山
足利
分水路
岩井
猿田
袋川
梁田
御厨用水
秋妻
中野
逆川
多々良沼
日向
野田
川崎
奥戸
成島
高根
木戸
矢場川
高橋
旗川
村上
上野国
近藤沼
大輪沼
岡野
館林
城沼
早川田
雲竜寺
下羽田
小中
千塚
菊沢川
船津川
寄居
邑楽頭首工
四ツ谷
秋山川
北大島
飯田
佐野
下野国
大曲
大荷場
高山
馬門
越名
越名沼
観音
細谷
笹良橋
三杉川
西岡
板倉沼
高取
除川
花川
離
旧渡良瀬川
唯木
唯木沼
蓮
海老瀬
藤岡
河運の門
将
谷田川
川俣
利根川
武蔵国
合川
堤防
かつ切事件
内野
中下村
赤麻沼
赤麻寺
渡良瀬遊水池
図23　渡良瀬川改修図

『上野国志』では、この年の正月、足利郡田中村から、海老瀬に至る一万二〇九三間、馬踏一二〜一五尺、高一五〜一八尺の堤防を築いたとしています。ふつうに読むと、渡良瀬の流路に沿って、堤防を築き、旧い矢場川をすてたのだろうと思ってしまいます。そうではありません。まったくと言っていいほどに、新しい河道を創り出したのです。

田中正造がその事をあきらかにしました。（図23）をみながら、正造の実地踏査報告を読んでください。

○鉱毒ナキ時代の治水ハ、仮令封建要塞のためニ河身を変更するも被害ハ水害の一ケ条のみ。館林城を築くや、西岡、余ケ《除》川の高台と海老瀬の高台を要塞の郭内ニ編入センタメ、秋山川ヲ西岡ニ〆⑤キリ、渡良瀬川ノ分流ヲ借宿ニ〆キリ、梁田郡ヲ造り、渡良せ、ハタ（旗＝筆者注）川ノ合流ヲ早川田ニ〆③キリ、東流線ヲ才川ノ小流ニ則り、形ヲ大ニシテ東下シテ秋山川ニ合シ、西岡、余ケ川ヲ廻シテⒶ藤岡川西部ヲ迂回セシメ、海老セノ中央ナル今ノ渡シ場ニ人工ヲ加Ⓑヘテ、川巾ヲ造リテ茲ニ渡良セ、桐生、松田、袋、旗川、矢バ《場》川、才川、菊川、秋山川、関川ノ諸川ヲ此一口ニ注ギテ、邑楽《おうら》郡今ノ二十二ケ町村中十一ケ村ヲ安全ニセルモノ、如シ。（『全集』⑪四三五頁）

これが、榊原氏による築堤の実状（矢場川を除く）でした。すなわち、足尾山地から足利・安蘇に出てくる大小の諸川ことごとくが、南流して矢場川に合し、板倉沼に落ちていたのを、途中でさえぎり、東流に転じさせたというのです。才川の流路を乗っ取ったりしてはいますが、かなりの部分は、新しい河道だったと思われます。なぜ、そんな事をしたのか。正造は館林城防衛のためと誤認しています。館林城そのものは、城沼に守られていて、渡良瀬川に大工事を施す必要はありません。

それよりも、中小河川を比較的高い位置で統合して、水量を増し、大型船が安定的に航行できる水路を、創り出すことを目指したのです。治水的には『上野国志』とちがい、下野側にはマイナスになったと、正造はつかんでいます。

之ヨリシテ川サキ、羽田、高橋、船津川、馬門、越名、高山、三毛［鴨］、藤岡ノ被害トナリタリ。但シ之ハ城塞ノタメニセル治水ノ名ナリ。今ハ更ニ之ニ加ルニ足尾銅山ノ鉱毒アリ。水害ノ至ル処ハ即チ鉱毒地タルヲ免［ママ］レカレズ。（『全集』⑪四三五頁）

そして、新しい渡良瀬川は、除川台地を開（増）削して東流し、蓮花川（藤岡川）の細流に押し入り、藤岡台地の西側を洗い、藤岡から続く海老瀬台地のくびれた地点を掘削して、谷中村境に流れるようになりました。こうして、旧来の矢場川コースと、新渡良瀬川コースと、分流の時代になります。正造の調査の続き、

○邑楽郡元郡中ニ流ノ川アリ。下流南方ノ板倉、いびせ［海老瀬］の池沼ニ注ギ、……一ハ東流シテ古河町ノ西南ニ出デ、一ハ南流シテ飯積《いいづみ》より今ノ大越村ニ出デ、三川又合シテ今ノ権現堂ノ東部ニテ常陸川ヲ合ス。常陸川トハ今ノ大山沼付近ノ池沼及今ノ五霞村付近ノ小細流ヲ指シテ云フノ名ナリ。渡良セ川之レヨリ以下ヲ太井川ト唱ヘテ今ノ野田ニ出デ流山ニ至ル。（『全集』⑪四三五頁）

そして、日記にこう記しました。

○除川の北ヲ開通迂回してより三毛《みか》藤《も》岡の被害地となれるを見よ。（『全集』⑪五三六頁）

ここは文禄工事とは、あまり関係しませんが、合の川が南流するとか、常陸川に権現堂川が流入するなど、興味深いものがあります。残念なのは、いつの時代かが不明なことです。

2　元和年間の開削・締切り工事

文禄から慶長をすぎ元和になると、徳川氏は関東の一大名から、並ぶ者なき将軍となり江戸城は威容を誇り、町はまたお膝元として繁華に向かいます。没後家康は「東照神君」とあがめられて、日光に壮麗な社殿造営が行われることになりました。この江戸・日光へ物貨の流通ルートを確立する必要から、利根川水運に大工事が行われました。

江戸時代の利根川工事は、主として「天下普請」でしたので、鈴木理生『江戸はこうして造られた』に学びながら、治水よりは水運であったことを述べてみます。

そもそも天下普請とは、「天下人」が配下の諸大名を支配する方法のひとつでした。平時にあって、築城・社寺造営・水利などの土木工事を普請と称して、大名に負担させたのです。

そして、最初の天下普請は、一六〇四年（慶長九）の江戸城大増築で、一六一三年（慶長一八）、第二次が発令されました。第一次では、現在の皇居の北東一帯の本丸・二の丸・三の丸・西丸・吹上・北丸が、第二次では主として江戸前島を外郭にとりこむ工事が行われました（第二次は大坂冬の陣で中止）。

この普請では、まず石材輸送が第一で、そのための舟と、埠頭と、航路が整備されなければなりません。利根川では、上州の栗石が輸送されたことは前述しました。渡良瀬川では、支流の秋山川経由で、葛生地方の石灰が江戸城修築用に運ばれています。

一六〇九年（慶長一四）、東北諸大名に命じて、銚子に築港させました。これは外洋と利根川内陸水運（関宿経由）の展開を語っています。

一六一六年（元和二）に、日光東照宮造営のために、天下普請が発せられます。

日光周辺の大名たちは、東照宮造営の御手伝をすると同時に、自領の舟運路の整備を通じて、広く関東地方の水運網の確立に寄与する機会も与えられた。（『江戸はこうして造られた』一八八〜九頁）

このとき、渡良瀬川の支流思川が利用され、古河の上流に位置する乙女河岸は、「御用河岸」に指定され、寛永（一六二四〜四三）から文久年間（一八六一〜六三）に至る、二〇〇余年の間に、一九回にわたる日光東照宮の造営・修繕の時の、建築材料を陸揚げする場になりました。この河岸は、一六〇〇年（慶長五）、家康軍が、会津の上杉景勝を討伐するため、小山まで出陣したとき、「御軍米ならびに御陣営御道具など御運送相勤め」た由緒もあり、老中から厚遇されました。

日光御用材運送には、江戸川・利根川・思川と、三六里をさかのぼるのに、多くの農民が動員されたのです。老中の命に、

昼夜を限らず川端の者共罷り出て、遅滞《ちたい》なく急度《きっと》引送り申すべき者也（『栃木の水路』一九九〜二〇〇頁）

がありました。

さて、利根川にもどりますと、これまでの天下普請で、「内川回し」コースの原型がつくられました。「内川回し」コースとは、

時代により相当な変化があったが、その大体は東廻り航路で那珂湊または銚子湊まで運ばれた物資を、北浦・霞ケ浦などの湖沼と、大小の河川づたいに江戸まで通じた「運河群」コースによって江戸にもたらす舟運をいう。（『江戸はこうして造られた』一八四頁）

そして、江戸・日光・利根川改修等の工事について発動された天下普請によって「内川回し」コースが完成に至るのでした。その一環が、一六二一年（元和七）の新川通・赤堀開削です。

これが多くの「利根川変流史」における「新川通」と「赤堀川」の開削工事であった。それは当時の栗橋から関宿の対岸の境まで掘り割って、利根川の水を鬼怒川水系に属する常陸川上流にみちびく工事である（この時に動員された御手伝大名は一〇家）。（同前書、一九〇～一頁）

右の文中、栗橋―関宿―境のコース、すなわち逆川は新規開削ではなく、増削と視るべきです。

この工事は、赤堀川が漸次利根川の本流化し、大利根川の中枢部になるので、格別重視されるのですが、一番堀といわれた当時の堀幅は、わずかに七間の小規模なものでした。新川通は、今も河跡がのこる、従来の河道のU字型の付け根を切ったくらいの工事でしたし、赤堀にしても、関東ロームの台地を、七間幅（一二・七メートル）で、一キロメートルほど開削したにすぎません。『利根川百年史』は、

> 赤堀川は、台地部を延長約一キロにわたって開削したものであり、掘削土工量は、元和七年の七間幅では約三・六万立方メートル
>
> （三三二頁）

図24　掘削工事土工量比較
（『利根川百年史』参考）

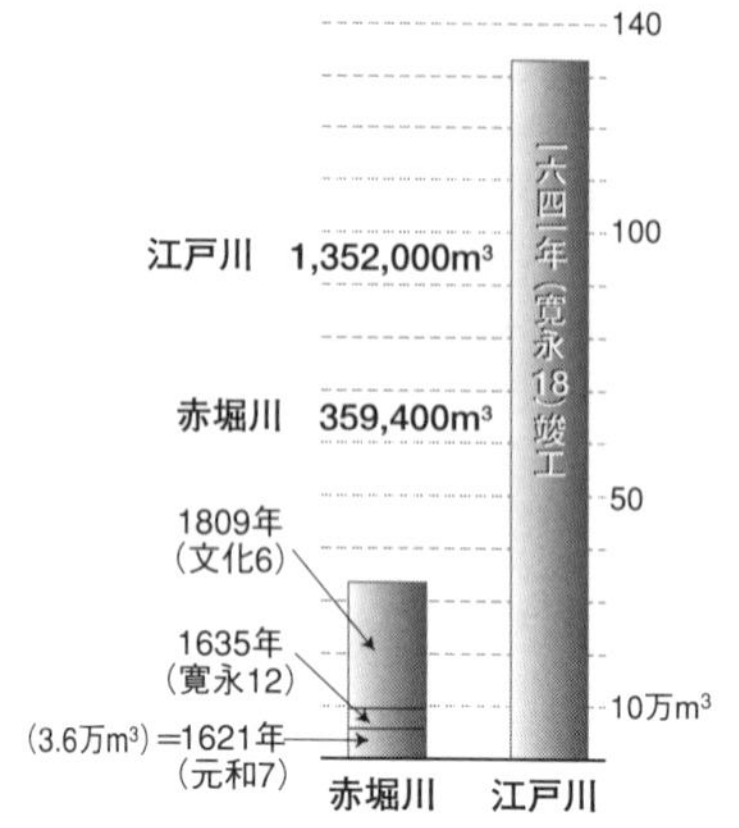

と計算し、あとの沖積層区間では「特に大きな開削工事は必要としなかったもの」と考えています。つまり、中田から大山沼・釈迦沼間の低い赤土のローム台地を掘って、新川通で直流するようになった上利根川の水を、渡良瀬川に注入し、そのごく一部を「赤堀」で大山沼から釈迦沼・水海沼・長井戸沼を経て、常陸川へと通

水したのです。

このように見ると、赤堀工事者には利根川東遷という、壮大なプランはなかったと言うしかありません。新川通りほどにも重視した工事とも思われないのです。また、念を入れておきますが、一番堀では通水しなかったとする説が多いけれど、それは誤りだということです。江戸川の大工事を成しとげた力量からして、一番堀程度の土工はたやすいものでした。（図24）

当時の、利根川改修工事の眼目は、赤堀川にはなく、権現堂川・江戸川・逆川・常陸川の舟航路整備にあったのです。それと連動して、鬼怒川・小貝川を、上流部につけ変えて常陸川水運を増強し、銚子―関宿―江戸を大船で航行できるようにすることだったと推察します（それが寛永期の大工事になった）。

一六二一年（元和七）の新川通・赤堀開削で、上利根の水は逆川経由ではなく、ストレートに常陸川に通じたのです。当時は赤堀川と言わず、赤堀というほどの堀割で、第二次に幅を一〇間にし、既に堆積が進んでいたので第三次に深さ三間を掘り下げて、ようやく充分な流れにした程度の水路でした。

これは工事指導者に、赤堀川による利根川東遷の意図がまったくなかったことを意味します。あくまでも、利根川水運の向上を企図した工事の、ごく一部でしかなかったのです。江戸の水害対策を言うなら、日本堤があります。根岸門蔵が「按ズルニ全国諸侯ヲ役スルヲ以テ、此ク名ヅケシナラン」「諸侯ノ役ニ随フモノ、旌旗ヲ建テ前後六十余日ニシテ成功セリ」（『利根川治水考』

一〇九頁）と述べています。

第三次の天下普請は、他に江戸城本丸・北丸工事（一〇大名家）などがありました。

一六二一年（元和七）には、締切り工事も行われています。沢口宏「利根川と渡良瀬川の河道変遷」（二〇〇三年九月二一日）講演資料の年表に「浅間川高柳・間口地点締切・八甫権現堂川道三淵締切」とあります（大熊孝は一六二四年〈寛永元〉）。

これは、先に引用した大熊孝の「分散する利根川の平水をできる限り集め」て、利根川水運の飛躍的向上を目指す、幕閣・伊奈代官頭の方針に適った工事です。いまで言えば、高速道路・新幹線にも匹敵する大事業のはじまりでした。

すでに、前年の一六二〇年（元和六）正月に発令された天下普請で、大阪城工事が進められていました。名古屋城も、御手伝い普請で築かれています。現在の首都圏・中京圏・近畿圏の原型が、こうして成立しますが、その裏付けたる流通手段は、第一に水運でした。寛永年間には、河川工事が最盛期をむかえます。

3　寛永年間の大工事

一六二四年（元和一〇＝寛永元）～一六四四年（寛永二一＝正保元）の二〇年間に行われた、汎利根川大改修についてみることにします。

寛永といえば、島原の乱や鎖国令を想い出しますが、利根川を中心とする河川改流工事をみてくると、ほとんどが寛永期に集中して行われています。「大工事」としたゆえんです。なぜ寛永かといえば、東北・北関東諸藩の江戸廻米が本格化した時期であり、多くの河岸が成立したと伝えられる時期でもあったからです。幕府の「御城米」や、大名・旗本の「御年貢米」の大量輸送には、陸送に比べて、格段に大きな輸送能力を持つ、船による輸送路の確立が、幕府にとって最優先の課題でした。

そこで、第四次天下普請が発令されて、江戸城本丸・西丸・外郭大工事に続いて、利根川大工事が行われました。年次を追って挙げてみることにします。

(1) 鬼怒川付替え

一六二九年（寛永六）、鬼怒川の付替えをします。その意義は、

大木丘陵の開削によって、鬼怒川の常陸川への合流点は約三〇キロ上流に移り、江戸へ（略）約六〇キロの距離が短縮されたことになる。また、鬼怒川を大木地先で常陸川に合流させたことによって、それまで谷地の水を集めて流れる程度で小舟しか通航しえなかった常陸川に、より大量輸送の可能な舟運路を一気に三〇キロも延長しえたことになる。（『利根川治水の変遷と水害』二二二頁）

図25 江戸川開削関連図
（寛永年間・1624～43年）

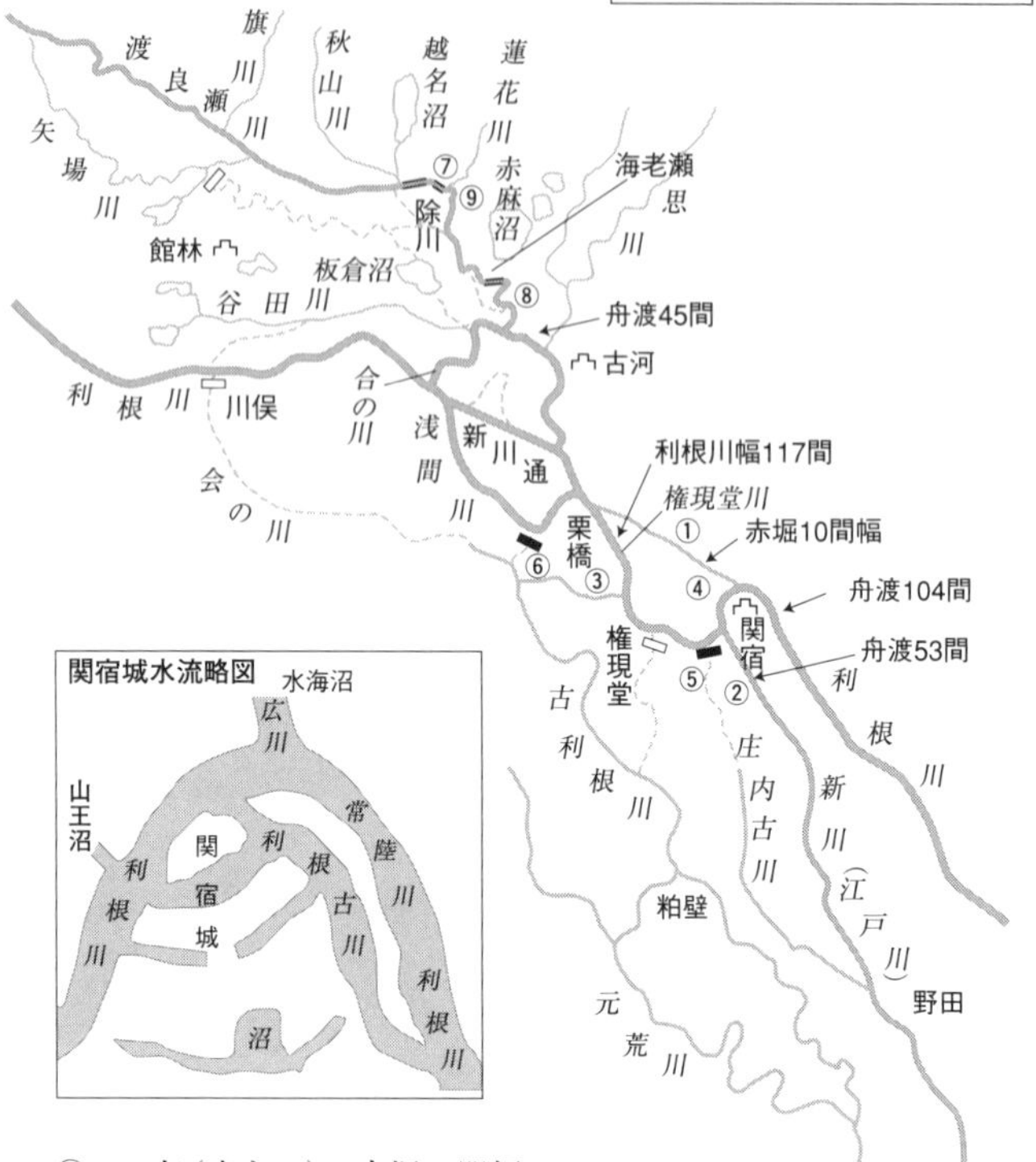

①1635年（寛永12）　赤堀10間幅
②1641年（〃18）　江戸川開削
③〃　〃　権現堂川増削
④〃　〃　逆川増削
⑤〃　〃　庄内古川締切り
⑥〃　〃　浅間川高柳締切り（異説あり）
渡良瀬川
⑦1624年（寛永元）　除川・西岡開削
⑧〃　〃　海老瀬開削
⑨〃　〃　蓮花川開削

まことに合点のいく工事でした。

(2) 小貝川付替え

一六三〇年（寛永七）には、小貝川の付替えが行われます。竜ケ崎の上流で南に流れを遷し、戸田井・羽根野の丘陵を切り割って、布川・布佐の狭窄部の上流で、常陸川に合流させました。これもまったく鬼怒川付替えと同じ目的でした。

一六三三年（寛永一〇）、いよいよ江戸川開削工事が、大名一〇家による天下普請で始められます。利根川の大改造です。（図25）

(3) 赤堀増削と佐伯渠開削

一六三五年（寛永一二）には、赤堀の増削も行われ、幅は一〇間になりました。この年、第二次江戸川開削天下普請が発令されます。そして、佐伯渠開削も進められます。小手指から釈迦新田に通ずる、幅三〇間の、関宿水路に代る予定で掘られますが、地形の関係で水流がなく、放置されました。

(4) 江戸川開削

一六四一年（寛永一八）に、ようやく江戸川開削完了。同時進行していた、権現堂川・逆川の増削も完工し、利根川水運は一応の完成をみました。（図25）

江戸川の開削工事では、約一三六万立方メートルの土工量でした。『利根川百年史』に、

関宿―宝珠花間約六キロ、金野井―野田間約六キロで台地部の開削が行われたが、（略）赤堀川と同様の比較的固い地質であるローム層や砂層の部分の開削が行われたのは、延長にして各々約二キロ、約三キロである。したがって、寛永一八年の江戸川の台地部掘削量は約一三五万立方メートルであり、そのうち約五五万立方メートルが軟弱な沖積層で、赤堀川と同様の比較的固いローム層・砂層部の掘削量は約八〇万立方メートルと推定される。（三三二頁）

とあります。赤堀川掘削の全土工量約三六万立方メートルと比較すれば、約四倍の大工事を完遂しています。（図24）

また、注目しておきたいのは、江戸川流頭部を、自然の流路である庄内川のコースから離れた関宿に造ったことです。これは、治水の観点からすれば、非常識な設計ですが、逆川経由常陸川の水行を考慮したからに他なりません（佐伯渠が不首尾であったことも）。

開削当時の流頭部の幅は一九間二尺だったと「江戸川沿革取調」（一八八七年編）にあります。

棒出設置論争時に、これが規準で、一八間よりせばめないとしたのでしょう。

さらに「取調」には次のようにあります。


本川ハ利根川ノ支流ニシテ其開削シタル年間ハ、寛永十七年庚辰正月ヨリ起工シ、旧関宿城辺ヨリ今上村ニ至新溝ヲウガチ、ソノ内親野井村ニ二ケ年、金野井村ニ三ケ年惣テ九ケ年ヲ経テ、ソノ功成リ、河銘ヲ称シテ江戸川ト唱フ。


江戸川の竣工と、同時的に庄内川の流頭部は締切られます。かくして地形の自然からすれば、最適の流路は「庄内古川」と廃川化し、舟航路としても見棄てられてしまいます。

浅間川も、高柳で締切られたので、すでに会の川も締切られており、往古は大河であった川も古利根川とよばれて、関東水運の中枢から外れてしまいます（浅間川締切りは元和七年説がありま す）。

(5) 権現堂川・逆川増削—利根川東流本格化

江戸川開削と連動して、同じ一六四一年（寛永一八）には、逆川・権現堂川が、増削・整備されています。

逆川を、この年初めて開削・通水したとする説が、従来多くありますが、これは、この年の増削が、文書としては遺っていたからだろうと思います。事実は、縄文以降、自然の水路として、通航可能だったことは、折々に述べておきました。ただ、水流がないような（滞水）時代が続いたかも知れないので、川といわず広い「水路」とみてきました。

「逆川」は、すなわち、関東平野の中央部では、多くの川が、南流か東流が、地形的に自然なのに、北流する流れなので「逆」の川と、称されたのです。この北流現象は、後北条氏の権現堂堤による、杉戸川締切りで、東に向かう水量が増し、平水時でも、関宿水路に流れが生じたので、逆川の名称も、この後に、地元民に呼ばれるようになったのでしょう。

とにかく寛永の大工事で特筆すべきは、江戸川開削と、権現堂川・逆川増削です。（図25）

利根川水運の中枢であることから、近世の記録も多く、それによって解釈されてきましたが、それらが治水の面から解釈したためか、寛永や寛文になって、初めて開削・舟航するようになったとする説があります。

だが、権現堂川・逆川に関しては、くどいようですが、開削でなく、〝増削〟だったのです。このことは、船橋市西図書館蔵「下総之国図」でもあきらかです。権現堂川は、古来の渡良瀬川流路で、それを権現堂堤によって、南流していたのを締切り、東流だけにしたことは、既述しました。逆川は、縄文以来の関宿水路に、古代・中世に、多少は浚渫などあったかと思われますが、後北条氏によって、東流がみられるようになったと私は考えます。

近世になり、上利根の水を、より多く権現堂川に集め、関宿より上流で佐伯渠を掘削して、上利根と常陸川をつなげました。これは地勢的に無理なため、思うように水行がありませんでしたので、関宿水路にしぼって、利根川・常陸川の連絡水路、すなわち「逆川」を、増掘し、銚子から関宿経由江戸行きの、大船航行を可能ならしめたのです。このことについて、大熊孝は、

河田羆・吉田東伍・栗原良輔らは、上述の江戸川、権現堂川、逆川の関係および正保国図に逆川が描入されていることから、寛永一八年説をとっている。しかし、この寛永一八年説には多くの問題点があり、寛文五（一六六五）年説を捨てさることも難しい。（『利根川治水の変遷と水害』二七頁）

と、従来の説をならべていますが、寛永一八年の、権現堂川・逆川については新設ではなく、増削であること、寛文五年説は、逆川新設ではなく、瀬替であったことを、次に述べることにします。

私がおどろいたのは、関宿城絵図をみると本丸・二の丸と三の丸の間に「利根古川」があったことです（図25）。すなわち、寛永年間の大工事は、逆川＝利根古川で、常陸川につながっていたと読みとれることです。いわゆる「承応三年赤堀川通水」の一三年前です。ただし、工事関係者にすれば、後北条氏の東流事業を完成させたのであって、東遷の意図はなかったと思います。

とにかく、この工事を待ち兼ねて、東北諸藩の江戸廻米が本格化します。たとえば磐城平の内

藤藩は、一六三九年（寛永一六）に二万俵を、江戸に廻送しました。その後の廻米は、年間四万俵ともみられていますが、そのルートについて、一六五一年（慶安四）に、

江戸への廻米は那珂湊より涸沼に入り、涸沼の西岸海老沢に陸揚げして、最も近い下吉影まで陸送し、それより巴川の舟運によって串挽に着き、北浦を南下して潮来に至り、利根川を通って江戸に向うコースが開発された。これはまさに、当時進行中であった幕府による利根川改流工事の完成をにらんでいたにちがいない。承応三年（一六五四）といわれる利根川水系水運路の完成の二年前なのである。（『河岸に生きる人びと』二八頁）

とある末尾の「当時進行中云々」を「完成をみたからである」と読みかえて良いと思います。これまでの利根川水運に関する研究は、治水史が先行していたために、それに合わせることを余儀なくされてきたようです。それにこだわらずに、水運関係史料に即して考察を進めてほしいものです。

付言しますが、正保国絵図（武蔵・下総）や関宿城絵図には、利根川がすでに「東遷」（実は東流）しているように記入されています。これに気付いて、私はひどくショックを受けました。川幅などには誇大さを感じるところもありますが、これを認めることだと考えるようになりました。確実な否定証拠が出ない限り、私の「常識」を改めるしかありませ

ん。絵図に即して、利根川東流（東遷）史をすすめることにしました。これは船橋市西図書館蔵「下総之国図」によって、さらに強められたのです。川幅の広さは縄文以来の沼沢地まで含めていたのでしょう。

4　渡良瀬川の寛永工事

先に述べた渡良瀬川の河道工事のうち、田中正造が、

館林城を築くや、西岡、余《[除]》ケ川の高台と海老瀬の高台を要塞の郭内ニ編入センタメ、秋山川ヲ西岡ニ〆キリ（『全集』⑪四三五頁）

とした工事については、ここで改めて取り上げるとします。文禄年間の榊原康政による工事であるかのように『上野国志』にはあります。正造も何時とはしていませんが、この除川―海老瀬間は、榊原時代とその後の一六二四年（寛永元）、古河城主永井信濃守尚政による、二段階の事業と思われます。

改流工事以前の渡良瀬川は、矢場川コースを、大曲、大荷場（荷物揚げ場）をすぎると板倉沼に入っている時代がありました。広大な浅い沼と湿地帯ですから、大船の航行には不向きです。

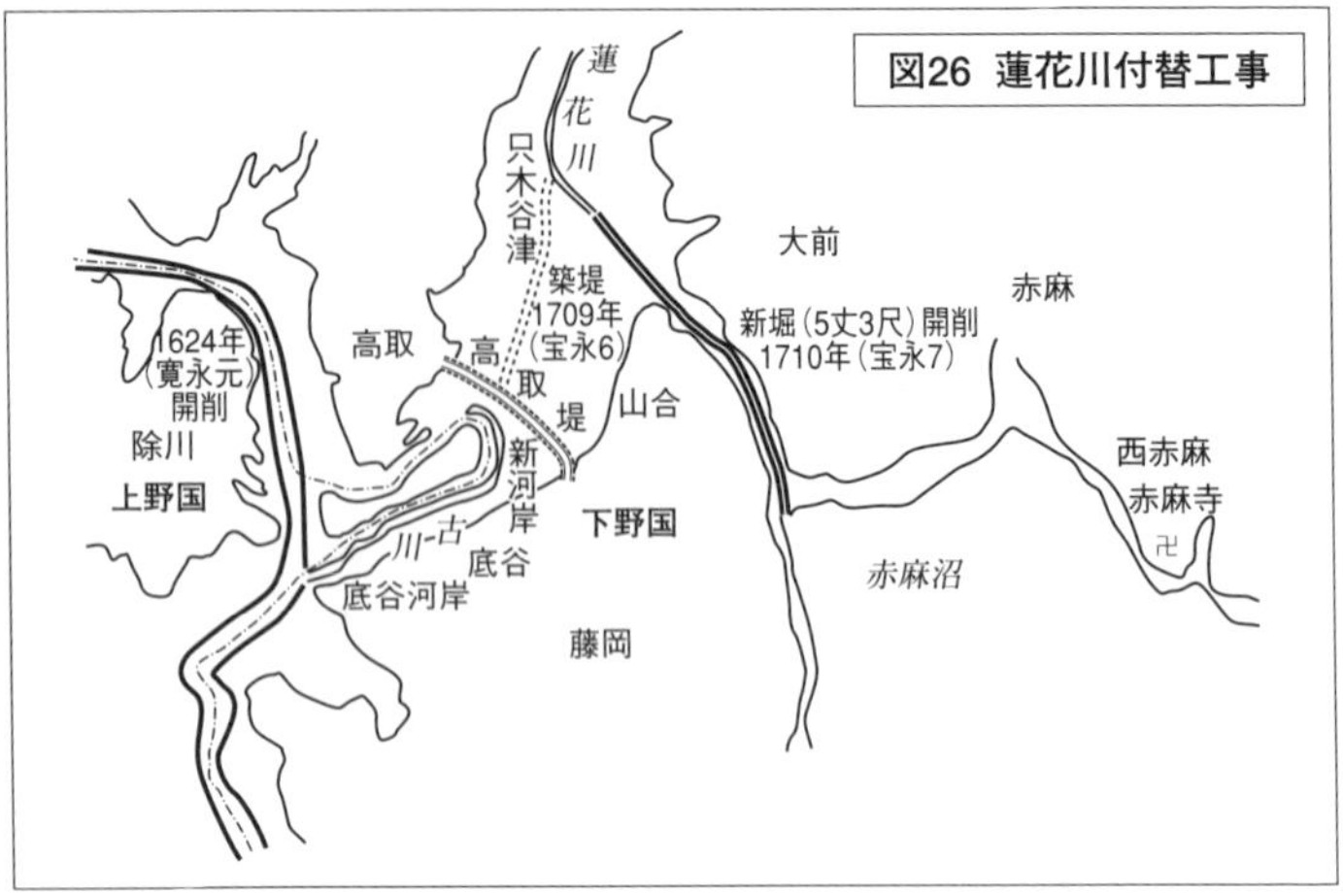

図26 蓮花川付替工事

そこで、西岡・除川の台地を切って、川をその間に入れて、藤岡台地の西すそに沿って水路を固定させました。そこに流れていた、正造が「藤岡川」という蓮花川の小さい流れに乗り込んで、海老瀬台地を切って東流し、下宮村に接して南流させたのです（江戸川工事と同一手法）。

この工事があったことは、次の『群馬県邑楽郡誌』から見つけました。

> 除川村入悪途は、往古本村に接続し、佐野川之を環流したりしが、寛永元年野州只木村より、底谷村境迄二百八間の開削を為し、佐野川を直流せしめたるなりと云ふ。（七〇二頁）

佐野川は、古来秋山川でしたが、当時は新しく、大小の川を集めた渡良瀬川となったのです。同じ工事が、『蓮花川』にもありました。

寛永元年（一六二四）に古河城主永井信濃守尚政により、底谷と高取の間の渡良瀬川の大湾曲部が、基部で連結されるように開削された。この堀割り部分は全長三七〇メートルであった。これによって洪水被害が少なくなった低湿地が新田として開発された。（一四頁）

と、開発工事としていますが、そうではありません。それどころかあべこべに蓮花川流域は、渡良瀬川の洪水に際し、逆流現象を起こし、湛水に悩むようになってしまったのです。すなわち、只木谷津は渡良瀬川の増水ごとに湛水して、水害禍が続いたのですから、治水工事としては大きなマイナスになったのが事実です。

この水渦を克服するには八〇年がかかります。古河藩主松平伊豆守信之の代になり、ようやく藩の事業として、一七〇九年（宝永六）、まず山合—高取間に築堤して、蓮花川を渡良瀬川から遮断し、逆流を阻止します。そして塞いだ蓮花川下流部は、「五丈三尺」と称されるほどの、深い堀を、山合の台地に掘り込んで、赤麻沼に流し込みました。（図26）

この蓮花川付替工事は困難を極め、地元農民はもとより囚人から藩士までが、「もっこ」かつぎして土を運んだと伝えられます。

この工事で、排水のよくなった只木谷津は沼の面積が三分の一以下に減るほど、開田が可能になりました。残った部分の蓮花川は「古川」といわれ、高取の南側に、これを利用して河岸が誕生します。江戸向けは薪炭・木材・穀類で、帰り荷はこぬか・ほしか・塩・雑貨等でした。

つまり、一六二四年（寛永元）の渡良瀬川下流工事は、江戸川開削が、庄内古川をすてて、より高い土地を掘り割ることで、安定した舟航路を造出したのと、まったく同一手法でした。広大な板倉沼の湿地帯をさけて、西岡・除川の高地の北を回し、藤岡台地のすそによせて、海老瀬では、藤岡台地を開削して谷中村へと、新しい渡良瀬川の水路を造り出したのです。

こうして、渡良瀬川は見事な舟航路となり、明治時代には、蒸汽船が通うまでになりました。しかし、それは洪水時にはしばしば決潰して、水害になりました。「正造日記」（一九一二年〈明治四五年五月〉）に「渡良せハ除川以北迂回せしために邑楽郡被害あり、皆地勢ニよらざるの被害、自作自造と云ふも可なり」（『全集』⑬二四一頁）とあります。まさに小出博の「水害は社会史の一コマ」を如実に顕しているといえます。

5　寛文年間の工事

(1) 寛文五年の逆川付替え

一六六五年（寛文五）に、注目すべき工事がありました。逆川の付替えです。これについては、誰も勘違いをしています。「下総旧事考」を鵜呑みにし、寛文五年初削説を否定し切れないでいます。実は初削ではないのです。ところが「旧事考」では、それまで使われていた逆川にはまっ

たく触れず、

寛文五年䟽鑿　常陸川江戸川間
以為城湟亦以便公私之漕運

「寛文五年常陸川江戸川間䟽《そ》鑿《さく》し
以て城湟と為し、亦以て公私の漕運に便す」

を「初めて」と勝手にうけとめ「寛文五年に江戸川と常陸川の間を掘る（逆川を初めて掘った）。そして城の濠とし、また公私の漕運に役立てた」と解釈したのです。この文をみる限りでは、逆川創出が、寛文五年であったともなります。だが「利根古川」が寛文五年以前に関宿城内を通っていたのです。

ところで、逆川をどこに掘ったか。寛文五年以前に、逆川はなかったのか。なかった場合は、まさに、逆川新削と断言できますが、「下総国関宿城絵図」をみると、意外な事実が読みとれるのです。（図27）

なんと、新・旧二つの利根川が、関宿城の本丸・二の丸を取りかこんで書き込まれています。『利根川百年史』（三二一頁）には「これは絵図の主要部分を書き写した」とあって、わかりやすいので、利用させてもらいますと、

○利根古川

図27 関宿城と新・旧利根川
（『諸国当城之図下総国関宿』〈浅野文庫蔵〉および『利根川百年史』を参照）

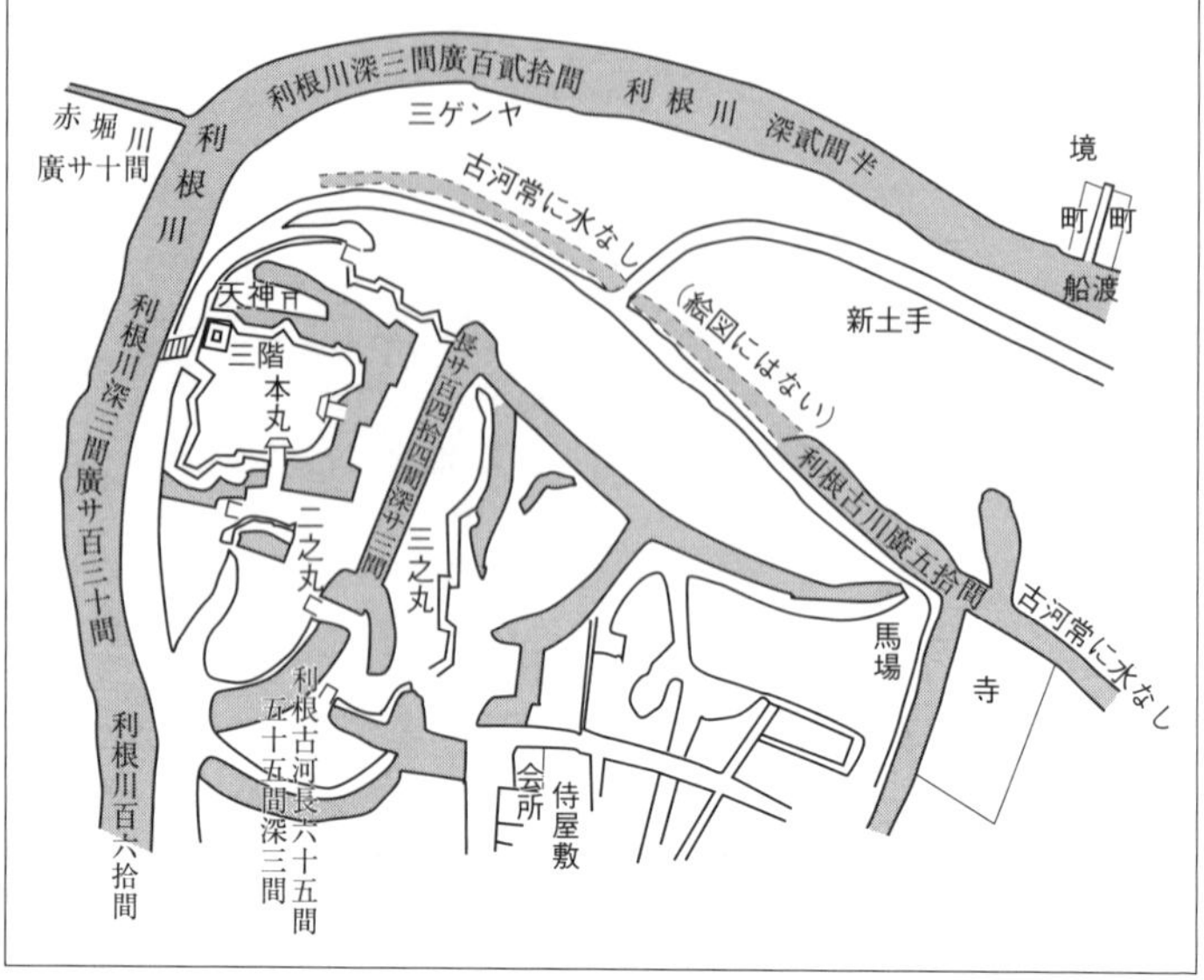

①長六五間、深三間、広五五
間
②深サ三間半、長サ一四四間
③広五〇間、古川常ニ水ナシ

とあり、本丸・二の丸と三の丸間の内堀的利用になっています。北側は町囲いのかたちで東流したあと、つまり「常ニ水ナシ」となっています（図27）。この利根古川こそ、一六四一年（寛永一八）に増削された「逆川」です。しかも、それに利根川の名をつけていたとすると、当時の人の中に、上利根↓権現堂川↓逆川↓常陸川のコースを、新たな利根川と見た人々がいたという証拠になります。

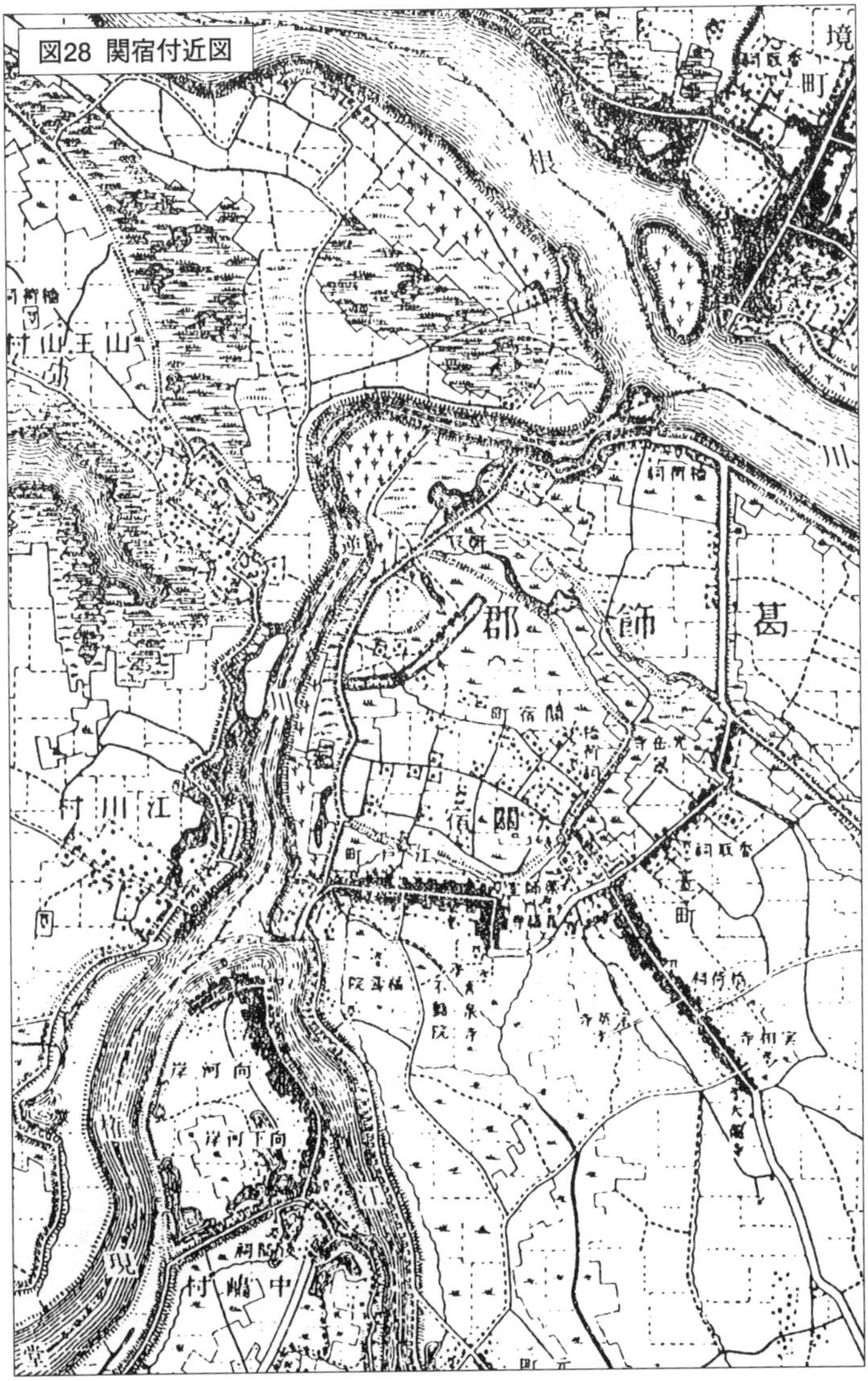

図28 関宿付近図

もう一つの利根川とは、本丸西側を、半円形に迂回したコース。これがすなわち一六六五年（寛文五）に城の堀を利用して、増削して、旧来の逆川に替り、河川改修によって、昭和初期に若干西へ川筋を変えるまで、逆川として扱われてきた「絵図」の利根川です。その河状は、

○利根川　①利根川百六〇間但共通深浅凡深二間半
　　　　　②利根川深三間広サ百三〇間
　　　　　③利根川深三間広百二〇間深二間半

などとあります。まさに「関宿城絵図」の製作者には、利根川が、権現堂川から逆川となり、常陸川となっています。しかも関宿城をめぐるところは、川幅が一二〇～一六〇間もあったというからおどろきです。もっとも、それゆえに「信じられない」と否定説も出るのです。川幅は縄文期以来の沼沢地も含めていたと思います。とても新削したとは考えられません。境河岸との関係も検討を要します。「絵図」の信憑性についてですが、『鷲宮町史』は、

絵図とはいえかなり正確に元禄頃の関宿城とその城下を描いていると考えてよいであろう。（上巻、七三四頁）

と、明治の迅速図と対比して、信頼できると扱っています。作成年代は元禄期（一六八八〜一七〇四）としますが、『利根川百年史』は正保期（一六四四〜四六）と、四〇年のズレがあります。どちらであるかといえば、図中に一六六五年（寛文五）に開削された、新逆川（利根川）があるのですから、元禄期製図とみるべきでしょう。

それにしても、一六四〇年代の正保国絵図（武蔵国、下総国）などを点検して、『利根川百年史』では、

これらの絵図から解釈できる最も重要なポイントは、赤堀川の開削による通水（承応三年、一六五四）以前に利根川の流水は、権現堂川・逆川を経て、常陸川筋へ注がれていたことである。（『利根川百年史』三二六頁）

と、承応三年利根川東遷説を覆している点です。承応三年利根川東遷論者は何と受け取るのでしょうか。

吉田東伍は、明治期の講演で、

江戸川が出来たが、江戸川の幅が狭少だから水も乗りかね、又江戸近郊の水害を除く為にはやゝ勾配が高くとも、常陸川へ水を押すを得策とすると云ふ点からして、上利根を元栗橋

から島川の川跡まで掘割り、権現堂を経て関宿城下まで逆流させ、無理に一方は細き江戸川へ水を引き、一方は高き逆川へ押させて、すこぶる異常なる人工制水を施した。しかしながら、是れは運漕の便宜にもなり、武州の古利根川筋の百姓には喜ばれたであらうが、上利根の停滞になる。(『利根の変遷と江戸の歴史地理』一四四頁)

と、上利根の水が、常陸川に入り、銚子に流れていたことをすでに承知していて、上利根の水が逆川を押し上げて、常陸川に通じたと言っています。

このように吉田東伍が「すこぶる異常なる人工制水を施した」という、権現堂川・逆川工事に、小出博は次の疑問を呈します。

いまや利根川の本流となった権現堂川は大河川である。この大河川を、なぜこのように不自然で奇異な流路に押し込めたのであろうか。これを解明することによって、江戸幕府の利根川政策の全貌が浮き彫りにされるのではないだろうか。(『利根川と淀川』一六八頁)

幕府の利根川政策の全貌は何だろうか、と問い、自ら次のように答えています。

このような権現堂川の状況は、内陸水運を目的とする河川開発で、就航に差支えない水深を維持するための低水工事であって、洪水の処理は考えられていないとみるとき、はじめて理解できるであろう。（同前書一六八〜九頁）

寛永大工事は、ズバリ治水ではなく利水＝水運にあったと決めているのです。まったくその通りと、感服せざるを得ません。そして、ここで確認してほしいのは、国図にあるように、この大工事で逆川を上利根川の水が大量に流れて、常陸川から銚子沖に出て行ったという事実です。この事実を認識するためには、「一六五四年（承応三）赤堀川疎通による東遷達成」説の迷信の壁を、完全に取り払う努力をしなければなりません。

後北条氏の権現堂堤築造による杉戸川締切りに続いて、徳川初期の会の川締切り、それに続く浅間川高柳締切り等によって、古来の利根川の水量は激減し、「古利根川」となり、今もゆるやかな流れとして、名残りを留めています。

また、渡良瀬川は、独立河川としての河相を失いました。自らの本流としてきた権現堂川筋を、利根川が合流してきて、乗っ取られた形になり、下流の太日川筋は、江戸川と化してしまったのです。この結果、「坂東二郎」は、利根川の支流になってしまいました。

寛永以来の大工事により、鬼怒川・小貝川も同じで、利根川の支流になります。それはまた、新川通と赤堀が、大拡張されるに伴い、汎利根川の姿が消えて「大利根川」がクローズアップされるようになることでもありました。

(2) 寛文年間の逆川付替えはなぜか

利根川東流が、俗説（承応三年）より一三年遡る一六四一年（寛永一八）であることを、『利根川百年史』は採り上げてはいるのです。が、

ただ、絵図の精度については、逆川の河幅でも示したとおり十分に信頼できるものではないため、断定するには至らない。（三二六頁）

として、結局は否定し、残念ながら承応三年説を改めさせるには至っていません。その理由として、絵図では逆川の川幅が、二〇〇〜三〇〇メートルもあるが、迅速図では、一〇〇メートルもないからだと言うのです（吉田東伍・小出博等は東流の事実を認めているのです）。

図に異議ありとするのは、一応もっとものようですが、仮に絵図の逆川が、二〇〇メートル以内だったとしても、承応三年の赤堀川幅は二〇メートル足らずですから、川幅で不足立てはおかしいことです。それとも、不正確なのだから、承応三年に完成した（と称する）赤堀川も記入しなかったのだと言うのでしょうか。川幅は、古来、自然の水路の名残りで広かったと考えます。

それは措いて、なぜ一六六五年（寛文五）に付替えをしなければならなくなったのか。重複するきらいもありますが、それの原因について考えてみます。

吉田東伍は、寛永工事を次のように批判しています。

寛永、承応の利根東流策は、自然の地形に背いて居る。元より短距離の江戸、葛西へ落ちた水を、長距離の香取、銚子へ廻したと云ふことは、水の勢に逆らふ仕方です。其の弊害は早晩顕出する。(『利根の変遷と江戸の歴史地理』一五二頁)

何が顕出したか。浅瀬ができてしまったのです。おそらく川幅も狭くなっていったことでしょう。工事担当者としては、無理は承知だったかも知れません。とにかく、「利根川の本流となった権現堂川」の、一部を江戸川に落し、大部分は大水量をもって逆川を押し流して、常陸川につなげたのです。

ところが、誤算がたちまち目立ってきました。それは江戸川の流れでは、洗掘が日夜に進んで、権現堂川の水を、予想以上にさそい込むようになったのです。逆川を常陸川に向かう水勢は弱まります。停滞し、東流より南下が始まります。このことは、逆川の水深をなくし、浅瀬をつくり出します。その証拠に一六五七年(寛文元)の、関宿城主板倉阿波守重郷の頃の文書中に、

関宿近所川浅ク荷物舟通リ不申ニ付、利根川ヨリ江戸川へ荷物付越申候。

があります。関宿城下辺は浅瀬が出現して、舟行が不能になったので、業者によっては、利根川（常陸川）右岸の瀬戸・木野崎で陸揚げし、江戸川左岸の今上村河岸まで「陸路八丁を馬で運び、江戸川と、江戸迄八里船で輸送する」（『関東河川水運史の研究』五九頁）者も出てきているのです。

この「関宿近所川浅ク」て、舟行不能の状態を打開するために、一六六五年（寛文五）に、逆川の付替えを、幕命によって、関宿城主板倉隠岐守重常が実施するのです。船橋随庵は「江戸往来の通船の乞によって、関宿城うらの横流・逆川は、寛文の初めに、城内（城外？）を掘って通船させた」と誌しています。城主にとっても、より堅固な城郭になる意義は大きかったと思われます。

城郭に直接関係する大工事ですから、「通船の乞」の意味するところには、一大名の裁量を超える余程の大事があったはずです。それは、江戸川と利根川（特に下流）が、大江戸と、東北地方との物資流通路（内川回し）の、大動脈だったからです。関宿が、血栓状態になったのを、解決するための大手術でした。この事業記録を、後世には「逆川初開削」と誤認する人が出たのです。

一六六五年（寛文五）、開削は事実ですが、それは初削ではなく、付替え工事だったのです。内濠コースの逆川水路を、外濠コースに、流路を換えたのです。だからといってこの工事をもって、「逆川が初めてつくられた」と錯覚してはなりません。ヒトでいえば、心臓病が悪化したので、バイパス手術を施したのが、一六六五年（寛文五）の逆川〝開削〟の実際です。実は古い血管（関宿の利根古川──一部は関宿城の内濠）が詰まってしまい、使いものにならず、ピンチになったので、バイパスを通した（以前から在った関宿城本丸下の川を利用）大手術でした。つまり、バイパス水路は古来から在ったものです。それらの跡が「利根古川」と絵図には残ったのです。（迅速図でも利根古川の跡は読みとれます。図27）

(3) 矢場川付替え工事

館林城主による文禄年間（一五九二～五）の、渡良瀬川中流工事、古河城主の寛永年間（一六二四～四三）の下流工事で、渡良瀬川は、矢場川筋を自然に濫流していたのが、人間による、人間のための新河道に収まり、航行は至便の水路となりました。そしてその仕上げが、旧渡良瀬川だった矢場川下流部を締切りによって廃し、上流部を新しい渡良瀬川に流し込む仕事でした。（図29）

行われたのは一六六四年（寛文四）で、関宿逆川瀬替えと同時期でした。五代将軍綱吉が、まだ館林宰相とよばれて、二五万石の城主でいた時のことです。一七四八年（延享五）の「日向村田方畑方石高覚」に、

矢場川ノ儀ハ江川ヨリ足次前ニ候所、寛文四甲辰年雷電裏迄、新川ニ掘回シ、然ル時ニ木

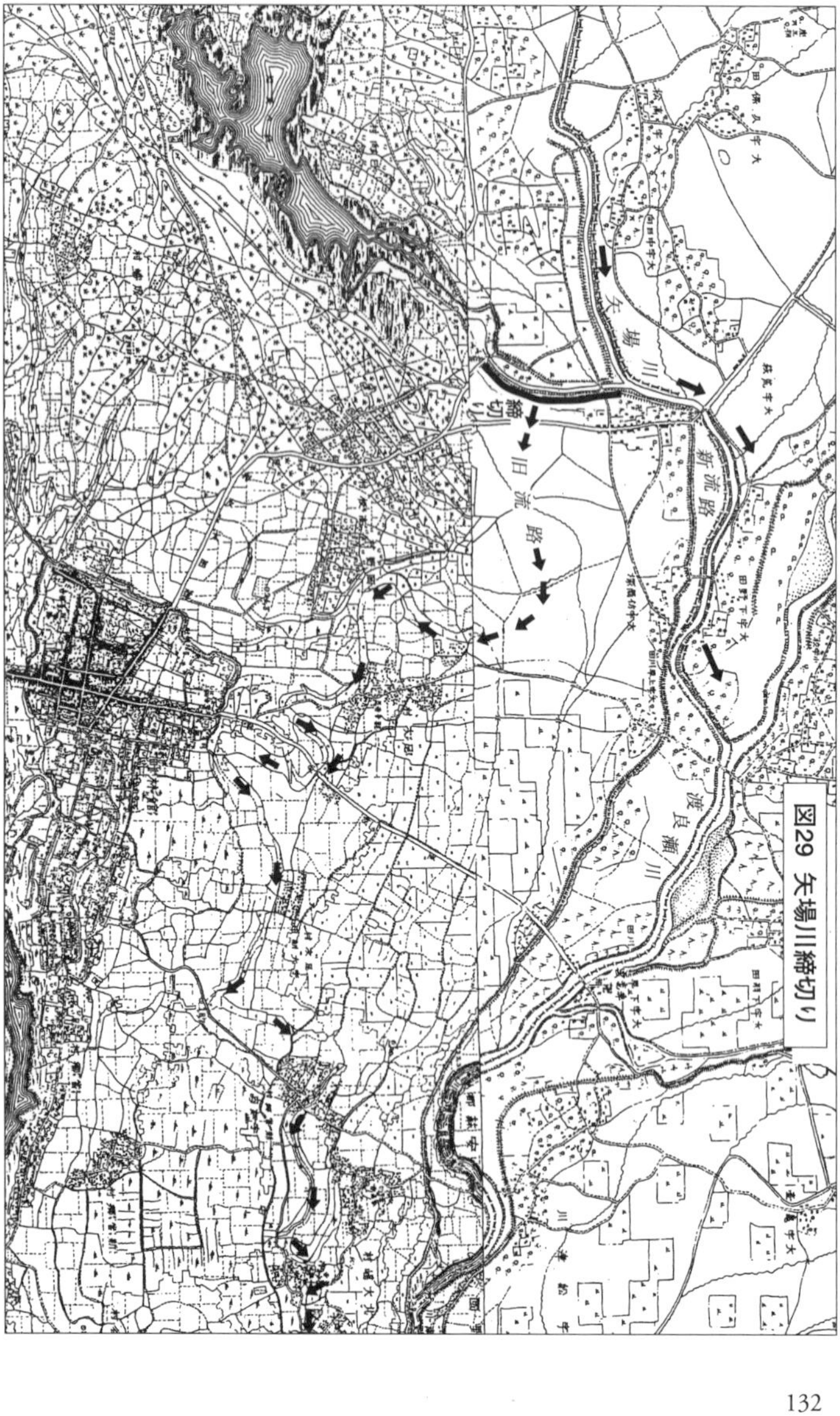

図29 矢場川締切り

戸・足次・傍示塚・上早川田迄先年野州梁田郡ニ。是ヨリ下、離村迄安蘇郡ニ候所、寛文五年巳年ヨリ新上州邑楽郡改（『館林市誌』歴史篇三〇六頁）

と、矢場川付替えと、国境を変更して、新渡良瀬川南側の野州領を、上州領に編入したことが記されています。

木戸の南西部で、矢場川締切り堤を築き、木戸の北側に新河道を掘って、新しい渡良瀬川に合流する工事です。以後、邑楽郡内の低地を流れていた矢場川下流は、水がなくなり廃川となります。渡良瀬川は、これによって一本化しました。おかげで水量も増加しました。

この工事について、広瀬武は、

河道の変更は洪水のためと伝えられています（『邑楽郡誌』）が、私は、水運とのかかわりではないかと思うのです。つまり、矢場川を上早川田で渡良瀬川に合流させ、渡良瀬川の水量を豊かにして水運の便を図ること、これが、矢場川瀬替えのねらいであったと思うのです。

（略）

明治十年代、渡良瀬川に蒸気船が就航します。しかし遡航終点は早河田河岸でした。なぜ、早川田河岸が遡行終点であったのか。それは、早川田から下流は、蒸気船を通す水量があったからです。つまり、矢場川が渡良瀬川に合流した下流が、蒸気船の往来を可能にした水量

だったのです。(『渡良瀬川の水運』三三〜四頁)
と評価しています。このように累代の河川改修工事により、渡良瀬川は両毛地方の大動脈になっていくのでした。

(4) 渡良瀬水運の発展

日光東照宮の造営には、渡良瀬川支流の思川にある乙女河岸が役立ったことは、先に述べました。渡良瀬本川も、河道整備がすすむと、めざましく発展します。それを猿田《やえんだ》河岸の成立過程を記した「野州足利郡北猿田村渡良瀬川岸ニテ江戸運送ヲ初メタル問屋ノ発端」が、如実に物語っています。

一、寛永元甲子年先祖忠兵衛、初て小舟五艘ヲ作リ申候処、渡良瀬川瀬細ク、其上所所ニ難場多ク、右河迄足利郡桐生山中迄ノ諸荷物瀬取り、右河ヨリ江戸迄船相頼ミ差遣シト先祖ヨリ子孫へ申伝候。
ソレヨリ段々ト瀬取リ船村方ニ出来、川筋御普請等モ有之候故、川瀬ハ深ク相成リ江戸往来ノ大船出来仕候ニ付。
一、正保二乙酉年先祖忠兵衛　御公儀へ御願申上候処問屋役儀被仰付候ニ付

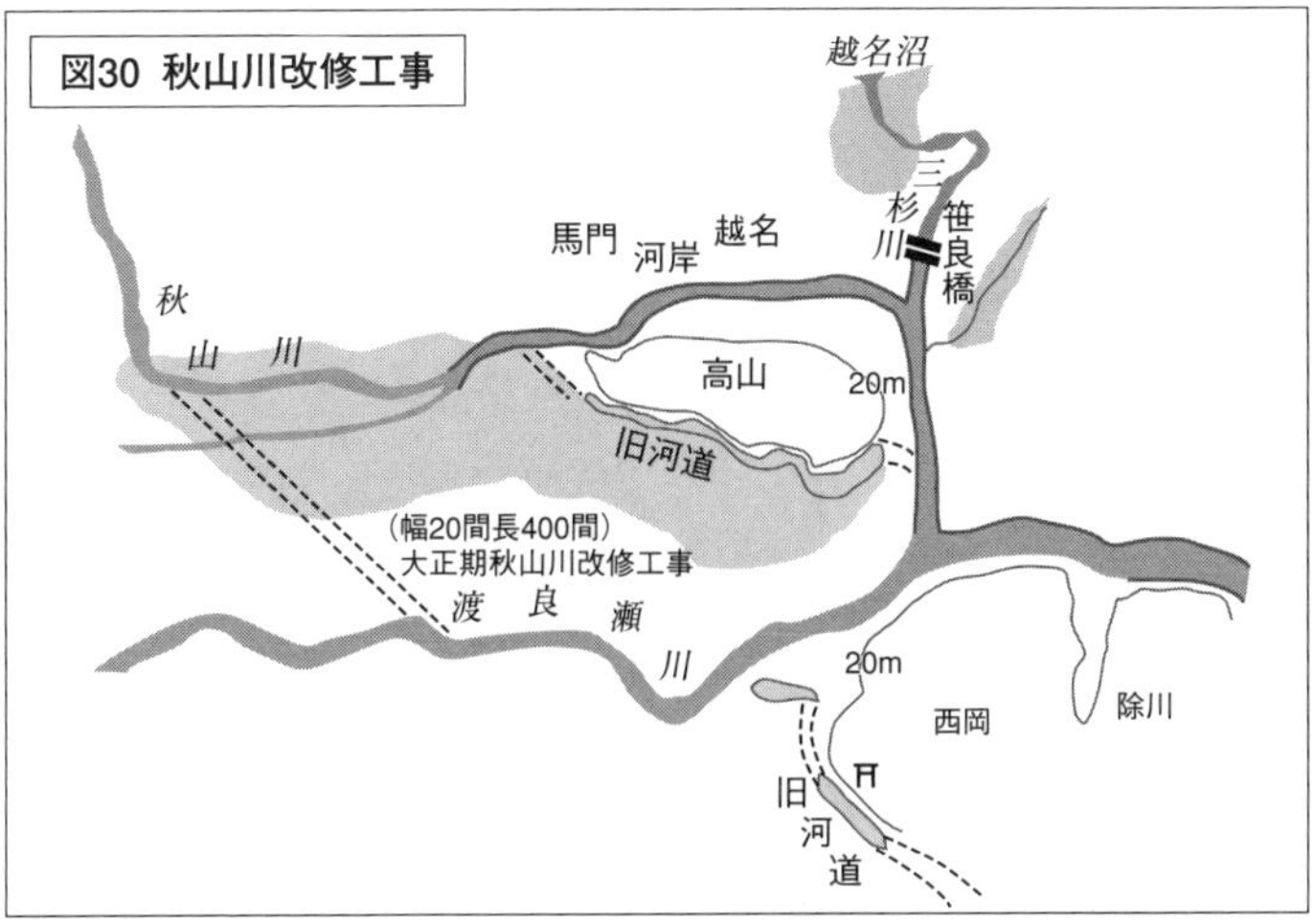

図30　秋山川改修工事

一六二四年（寛永元）に小舟五艘で運送業を始め、二〇年後の一六四五年（正保二）に問屋役を公認され、正式に「河岸」として発足しました。江戸より三七里、米一〇〇石に運賃は四石の定めでした。

使われた船について、『渡良瀬川の水運』を見てみます。

> 大型の高瀬船は、長さが一〇間（約一八メートル）くらいあり、米を五〇〇俵も積めました。この大型船の就航は、渡良瀬川の場合は下早川田河岸、または羽田河岸が限界で、（略）羽田河岸より上流部は「瀬取船《せどりぶね》」、または「小鵜飼船《こうかいせん》」と呼ばれた小型船が使用されていました。

この小型船は、川底からのショックをやわ

らげるために杉の八分板で二重底にしてありました。そのため、特に急流や浅瀬に強い川船でした。小型といっても長さは六間（約一一メートル）あり、米一〇〇～二〇〇俵積むことができました。（六三頁）

ちなみに、一六五一年（慶安四）の記録には、「早川田と野田の間で深さが一六尺（約五メートル）」とありますので（『栃木の水路』三一六頁）、十分な水深があったといえます。

猿田河岸が、渡良瀬川最上流の河岸として足利・桐生・大間々方面を、江戸に結んで栄えますと、中流域では越名馬門河岸が、佐野・田沼・葛生方面を商圏にして繁昌します。

越名河岸は、一六二三年（元和九）に、名主で酒造業を営む須藤彦右衛門が、河岸開設願を出し、そのための工事願も付けましたが、これは許可になりませんでした。

江戸城に使う石灰の積み出し河岸として、重要な場でしたので、一六五五～七（明暦年間）に、三代彦右衛門が、彦根藩（佐野領支配地）の許可を得て、ようやく大改良工事を為しとげたのです。

越名河岸は、秋山川に設けられましたが、その川は南の低湿地に流入してから、渡良瀬川に合流していました。これは水運に不適でしたので、それを廃して、台地上の越名・高山間を開削して、一キロ余も新川をつくりました。下流で、広い越名沼と三杉川に合流しますから、渇水期も心配が少なく、すこぶる安定した良港に仕上がったのです。川幅は、せまくも四間半、三艘以上

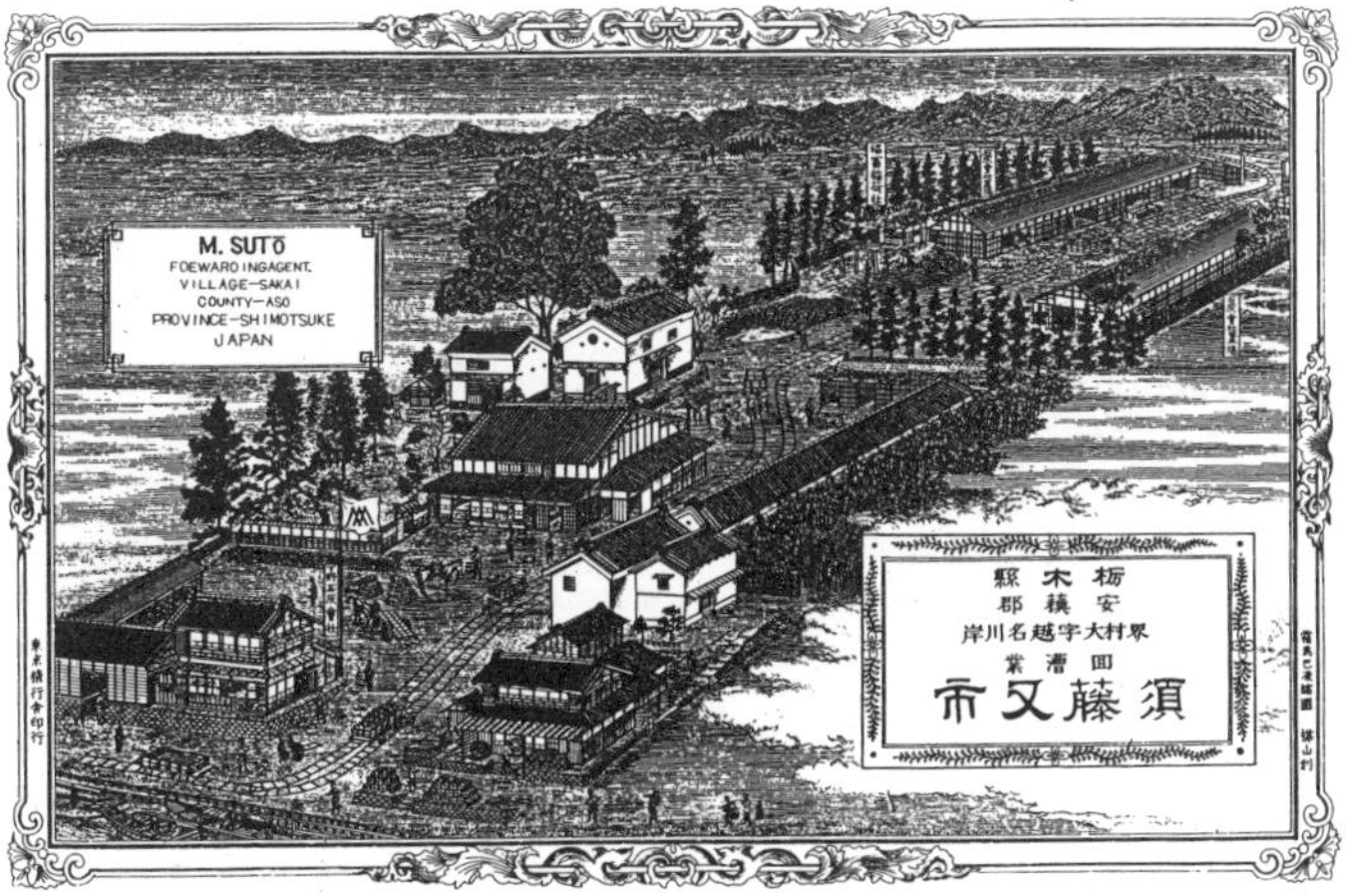

越名・馬門河岸「復刻　大日本博覧図　栃木県之部」（あかぎ出版）より

の高瀬が、船首をそろえて停泊できました。掘り上げた土は湿地に運び、高山村の地所にしました。(図30)

領主支配の関係で、一六八一年(延宝九)、二分して、上を馬門、下を越名の河岸としました。江戸へ三五里、大船が直接入港できるので、利根川筋の倉賀野河岸(永九貫文)と並び、渡良瀬川筋最高の永八貫三百を納める河岸となりました。江戸まで二日、江戸からは並で一〇日。はやいのは「三日切」「四日切」でした。

越名河岸が繁栄するなかで、いつしか舟歌が生まれました。「越名の舟歌」として、いまは復活し、唄い継がれています。渡良瀬川の支流秋山川を、巧みに利用して、安定した河港を築いたことが、とても良かったのだと思います。

ハー雨も降らぬに　とば着る船はヨー

図31　正造日記にみる渡良瀬舟運の終点

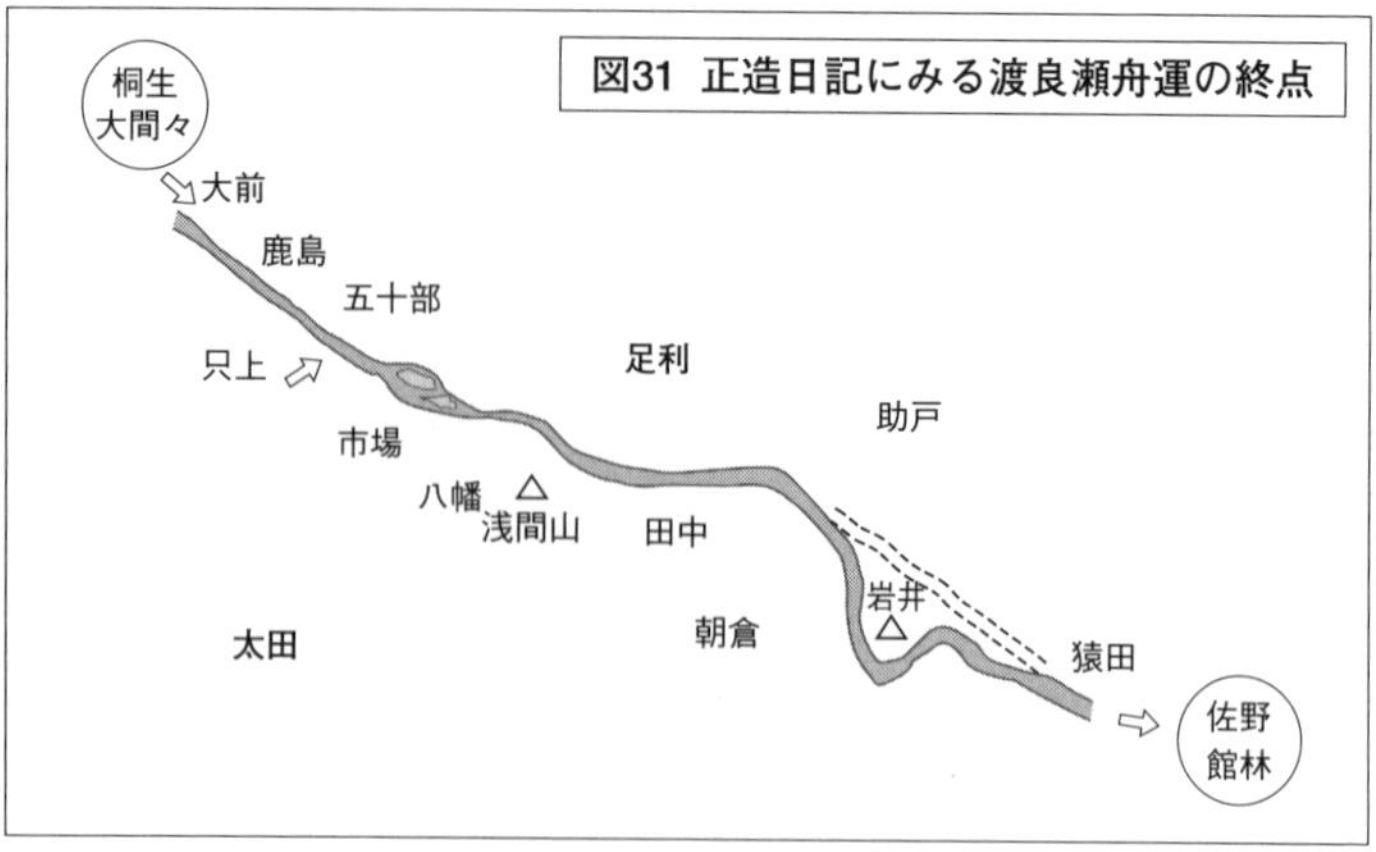

江戸でこえ船　栃木べかヤッサノコラサ
ハー十と二反の帆を　巻き上げてヨー
行けばお江戸が　近くなるヤッサノコラサ
ハー行こかお江戸へ　もどろか越名ヨー
ここは関宿　命がけヤッサノコラサ

せばめられた棒出しを通過するのが、難儀だったことをうたっています。

鉱毒被害の生活苦から、苦界に身を沈めた娘のいたことに、恨みをこめた都々逸《どどいつ》もありました。

鉱毒であの娘《こ》沈めた渡良瀬川を
　にくや汽船は浮いていく

(5) 渡良瀬舟運の終点―正造日記より

渡良瀬川水運の終点は、足利の外港である猿田河岸とされています。だが、田中正造の調査記録（日記の一九〇九年〈明治四二〉一二月）をみると、さらに上流まで舟航があったことがわかりました。貴重な資料として載せておきます。

○上り登り、五十部《〔よべ〕》大字町田川岸迄、船つなぎ場あり。
五十部村阿部安兵衛氏も二艘持ち、船の容積ハ少々劣レリ。

大前村土蔵〔屋〕七蔵氏二艘持ち、奥戸へんまで、小舟ハ猿田まで。

群馬けん山田郡毛里田村大字只上《〔ただかり〕》〔ママ〕より館林藩秋元氏の年貢米を船ニて下げたとハ、堀越長兵衛幼年の時ニはなしニ覚へ居る。
○五十部の村町〔長〕河内要太郎　四十八年　母つぎ子　年七十年（略）
老母七十ニて五十年前嫁ニ来た。其頃より、近頃毎日舟来てよい処でした。桐生太〔大〕間々ニ行く荷物、塩、油、砂糖、魚、雑貨。下りハ炭薪の類。（『全集』⑪三八一～二頁）

これによると、猿田河岸よりは数キロ上流なので、桐生・大間々方面の貨物が扱われていたことになります。ただ、河岸として成立したのか、期間・規模はどうであったのか、定かではありません。

第五章　水運と水災の相克による変化

1　浅瀬の出現と対策

江戸城と、江戸市街の建設は、四代、七〇年にして、一六六〇年（万治三）四月、仙台藩に発令された神田川工事で、一応の完成をみました。水運のための利根川改修工事も、期を同じくして、仕上がります。また、それを待つまでもなく、河岸が創設され、運送業者も誕生しました。利根川は後北条氏時代とは変わり、河道は整備され、乱流したおもかげは消えていきます。川と人間の関係が、次のようにもなります。

年貢米や廻米ばかりでなく、一般の商荷物も扱うようになり、河岸の問屋は営業として成り立ち、利益が上がるようになると、その利益を守るために領主と結びつき、あるいはその利益を対象に領主が運上金を賦課するようになってくる。（川名登『河岸に生きる人びと』

五四頁）

川が、人間社会にかけがえないほどにかかわるようになります。人間が、自分のつごうで、川の流れを左右するようになったので、川は、時として人間にさからい、本来の自然へ帰ろうとします。「社会史の一齣」と小出博が言った、水害が発生し、水運一辺倒でやってきた河川管理者を苦しめるようになります。利根川も、江戸時代の中期現象を、そろそろ示すようになるのです。

①一六五四年（承応三）、赤堀に「三番掘り」工事が為されます。これは幅一〇間のうち、三間について堆積土砂を掘り下げる工事にすぎず、とても、これをもって「東遷の達成」とすることはできません。常陸川上流部の増水を期待してだろうと思います。それというのは、一六四一年（寛永一八）に、上利根川→権現堂川→逆川及江戸川分流という画期的大工事を完了したものの、一〇年ほどで、はやくも水流に滞りが出てきたからです。

②一六六五年（寛文五）に、逆川付替えの、思い切った工事も、関宿近辺の逆川が、浅瀬ができて、通船が困難になっていたからでした。この大工事を、「逆川新削」と誤認してはなりません。

③赤堀川増削。一六五四年（承応三）当時は、幅一〇間の「赤堀」にすぎず、とても幅一一七間からある上利根川を受け容れたと認定するわけにはいかず、東遷を達成した事実はなかったのです。ですから、正保国絵図にも記載されなかったのです。それが川らしくなるのは数十年の

後です。

一六九七年（元禄一〇）には、川幅二七間の赤堀川になっていました。川妻村文書に、

川妻村渡場ニテ去冬御改被遊候通定水、節川幅二七間深サ二丈九尺程ニテ御座候

とあるように、三番堀掘削から四〇年後に、権現堂川と赤堀川の分岐にある川妻村で、一六九八年（元禄一一）に計測した際、幅五〇メートル近い赤堀川になっています。これも、水害対策よりは、常陸川上流域水運のための、流量増加策だったと思われます。ただし、この拡幅工事は、いつなのかさだかではありません。

④江戸川中流部開削。関宿から、台地を開削して造られた江戸川は、中流の金杉以南で、低地を曲流する庄内古川に合していました。このあたりは、土砂の堆積がはげしく、浅瀬ができてしまい、ついには〝滞船するもの数百艘〟となり、関宿に劣らず、内川回しのネックになりました。

そこで幕府は、一七二八年（享保一三）、勘定吟味役井沢弥惣兵衛に、金杉―深井新田の約二里を開削、新川をつくらせました。幅八〇間の直流は、庄内古川と、ほぼ並行して流下し、江戸川が新利根川とも称されるようになります。

こうした江戸川筋の改良工事で、流れがよくなると、古来の利根川・庄内川の姿がよみがえ

ってきます。権現堂の水は逆川に向かうことなく江戸川に流れ、逆川の水までもさかさ（北）に行かず、南下巡流して江戸川に入るようになります。

2　宝暦利水・治水調査

堤防が築かれて、川が流路を変えることなく固定してしまうと、ある程度の洪水は、押えられるようになりました。幾筋もの乱流した河道は、一筋に収められ、新田開発も進みます。その代りに、何年かに一度の大洪水は、水害をひどくするようになります。

堤防がなくて、沼沢地も多かった時代と、出水の速度や量にも変化が出てきて、堤防で押え切れなくなると、一気に濁水が奔流して、作物はもちろん、人畜被害が大きくなります。近世は洪水が、水害と同義語になることが多くなった時代ということが成立します。

一七四二年（寛保二）には、近世最大級の大出水があり、「戌《いぬ》年の荒れ」と、後々語り伝えられます。寛永大工事から、ちょうど一〇〇年後でした。八月一日（新暦八月三一日）、台風の大風雨に関東全域が見舞われ、江戸の溺死者だけでも三九一四名と伝えられます。

復旧工事に、西国一〇大名が二三万両から負担し、毛利藩だけで一〇〇万人の人夫を要したといわれます。一七四三年（寛保三）三月に完工すると、五月に灯篭を鷲宮神社に寄進しました。

一七五六年（宝暦六）に至り、被害激甚地だった武蔵国埼玉郡辺・羽生領の農民から、河川改

修工事の嘆願が出されました。どんな内容か。吉田東伍は、

寛永、承応の後一百余年、九代将軍の時に、幕府の治水上の大問題が起る。曰く、権現堂川を全く江戸川へ流下せしめよ、是れ上策なり。曰く、赤堀川は昔三間か七間の堀割なりしも、今や二十七間に広くなり居れど、なお上利根の停滞を起すが故に、倍増して五十間以上にせよ、是れ下策なり。（『利根の変遷と江戸の歴史地理』一五二頁）

と陳述したとして、

宝暦中にすでに上利根の停滞と中利根下利根の氾濫に観察して、江戸川の拡大を絶叫する人が顕はれて来た。（同前書一五二頁）

ことに注目しています。これは、徳川氏江戸入り以来の、伊奈流による河川工事に対する批判が登場したのだと、重視しています。すなわち、あとで問題にする「江戸川主流論の嚆矢」だと評価しているのです。

この嘆願を、幕府は却下したりせず、十分な調査検討の上、調査書をまとめました。いわゆる「宝暦治水調査」です。一七四二年（寛保二）の大洪水の経験を、幕府が利根川治水にどう反映

させたかを、明確にしたものです。調査概要は、

○赤堀川現在二七間幅を、さらに三〇間拡げたいとの願い出のようにすると、上利根の水は「一円に常陸川に落込み、江戸川一円に渇水」となる。さすれば古河・館林・忍から江戸への通船が滞《とどこお》ることになる。

○第一、江戸城要害の欠失と申すことになる。

○権現堂川を掘り割って、江戸川へ落せば、羽生領の水害は免がれるというが、調査してみると、栗橋から権現堂川へは勾配がないから、せっかく資金を費しても、すぐ堆積してしまう。たとえ流れても、江戸川に落ち込んでしまい、逆川へは百間三寸の勾配だから、なかなか境町の常陸川に、水が堰上げせず、常陸川か干川になってしまい、常陸・下総辺銚子通りの船が通航不能になるであろう。

結論は「これらの趣相考候故、まずは止め候こと也。この上も右の通り心得候様致したく」という現状維持を表明したのです。これは、「すなわち、幕府の治水方針は、舟運に最優先順位を与え、水害防止は舟運を害さない程度に行うもの」（『利根川治水の変遷と水害』五八頁）であり、これを、

宝暦の治水方針は、明治の近年まで更に一百五十年の全科玉条である。前後二百五十年は、伊奈氏の治水方針を墨守して居る。（『利根川治水論考』七九頁）

と、吉田東伍はきめつけました。それほどに、幕府は舟運を旨として、利根川改修・維持に努力し続けたのです。そこには江戸を水害から守るために、利根川を東遷させる意志などまったくありませんでした。

この時代に、逆川はまだ、権現堂川から、境町の常陸川に「百間三寸の勾配」ですが、流れていたことがわかります。

この逆川が、流れの向きを変えて、江戸川に落ちるようになる時、ついに伊奈氏の治水方針（実は水運護持）が棄てられる期がやってきます。何がそうさせたのか。吉田東伍は、

天明の大噴火で甚大な被害を与えた浅間山

宝暦治水方針は、明治までの金科玉条だったとみましたが、実は明治以前に変わらざるを得なかったほどの天変地異が、利根川におそいかかったのです。利根川上流域にそびえる浅間山の大噴火がそれです。

また、これまで「宝暦治水調査」と呼び慣れてきましたが、実態は利水と治水の調査ですから、「宝暦調査」か「宝暦利水・治水調査」とした方がよいのではないかと思います。また、羽生領民の嘆願を、幕閣が聴き入れることにはならなかったにせよ、明治以降の政府・官僚とちがい、誠実に調査し、回答しているのには感心しました。

3　浅間噴火と利根川

一七八三年（天明三）七月四日（新暦八月一日）頃から山鳴り雷鳴等激しく、六日夕刻に降灰がひどくなりました。七日は降灰で昼も暗く、館林あたりでも提灯を持って歩くほどでした。灰のほか、火砕流・溶岩流が「鬼押出し」や、日本のポンペイといわれる鎌原村を埋没させるなどして、吾妻川から利根川に流れ出しました。想像を絶する大噴火になりました。

泥流は烏川との合流点五料では一丈（三メートル余）も川を埋め、おびただしい流木と共に、人を巻き込み、堤防を破壊して流下し、東京湾に出ました。両国橋付近に漂った死者の群は回向院に埋葬され、供養石塔が建てられました。銚子沖の太平洋は泥流で黒くなりました。

浅間山から噴出・流出した灰や石は、利根川を埋めつくし、河相を一変させてしまい、幕府や沿岸住民が、営々と創り上げてきた、水運のための水路を、そして用水路を破壊してしまいました。そのため、一七八六年（天明六）には、寛保戌年の荒れに劣らぬ、あるいはそれ以上の大水害になりました。日照り続きが一転し、七月一二日午後四時頃から豪雨になり、一七日までも続いたので、すさまじい大出水が、火山灰やアサマ石を流し出し、川や堀を埋め、江戸の下町に溢れ、築地・亀戸辺では、一〇～一五尺も冠水しました。

幕府はさっそく、関東郡代伊奈忠尊《ただたか》を現地に派遣し、大名一九家に手伝普請を行わせました（大谷貞夫「近世利根川の水害と大名手伝普請」―『アーカイブス利根川』六六頁）。だが利根川の利水・治水対策は、伝来の伊奈流では処理しきれなくなってしまったのです。

4　赤堀川の増削

逆川が、北の逆方向へ流れていたことは、宝暦調査でも判っていますが、一七四二年（寛保二）の大水害は、関宿城を大破するほどでしたから、当然、逆川にも影響があったと思われます。一つは、河床が上昇して逆川とその近くの常陸川に浅瀬が多くなることです。

一七八一年（天明元）の史料は「逆川通りが近年浅瀬になったので、御城米始め年貢米その外を運ぶ船は、常陸川を栗橋まで登り、権現堂川を乗り廻して江戸表へ」延着する難儀を訴えています。また一七九一年（寛政三）七月、関宿河岸青木平左衛門の水深調査では野木崎一・一〜一・三尺、木野崎が一・二〜一・三尺、桐ケ作で〇・九〜一・〇尺、さらに上流の境河岸ではなんと〇・八〜〇・九尺の浅瀬になっていました。子供でも平気で渡れるほどですから、舟運が不可能に近くなっていたのです。（丹治健蔵『関東河川水運史の研究』五七〜八頁）

さらに一七九二年（寛政四）の史料では、「二〇年前は三五〇〜四〇〇俵積の船で渡世していましたが、今は大船が使えなくなり、一五〇〜一八〇俵積の小舟になったので、稼ぎが減ってしまいました」とあります。（同前書六三頁）

こうなっては伊奈流利根川水運も、命脈がつきた観があります。

伊奈の確立した利根川治水体系に修正を加える必要を生じさせたと考えられる。すなわち、赤堀川を拡幅し、利根川洪水のほとんどを常陸川に押し込むという構想が、ここにはじめて明確に意識されてきたと考えられる。（『利根川治水の変遷と水害』九五頁）

あたかも将軍家治に代り、一一代将軍家斉が登場して、田沼意次が失脚し、松平定信が老中になり、改革を開始しました。一七九二年（寛政四）、ついに伊奈忠尊は罷免になりました。そして、この年、利根川流量が権現堂川に入るのを制限して、常陸川へ増量することを目的に、権現堂川に「杭出し」が設置されたのです。

大熊孝の『洪水と治水の河川史』に、

　余談になるが、浅間山噴火の影響で利根川の水害が激化し始めた時期に相当する寛政四年（一七九二）、伊奈家が改易処分を受けている。伊奈家は、利根川の舟運・治水体系を確立し、関東郡代を世襲してきたが、第十代の忠尊のとき、不行跡と伊奈家の内紛で関東郡代を罷免された。忠次に始まる利根川治水体系の効力と伊奈家の命脈が、時をほぼ同じくして絶たれたことになる。（一二〇頁）

とあります。忠尊にとっては、一七八六年（天明六）の大水害の復旧工事が、最後だったのでしょうか。利根川を人工によって変えたツケを、一〇〇年、一五〇年を経て、子孫が払わざるを得なくなってしまったのです。

　ここに至っては、利根川を水運のためにだけ改修してきた時代は終わり、治水からの工事をしなければならなくなりました。それが次第に強調されると、江戸初期の水運のための工事まで、治水視されるようになってしまったのです。

5　赤堀川の利根川視

浅間山噴火は利根川の河相を一変させ、高い河床と、相対的に低くなった堤防とで、洪水が出やすくなりました。同時に、水運にも非常な障害となりました。

境河岸に近い常陸川の浅瀬については、先に述べましたが、すでに明和・安永期（一七六四～八〇）頃から、冬の渇水期（一〇月～二月）には、年貢米や商人荷物を積んだ高瀬舟が、一〇〇艘ほども滞船するようになりました。その対策に、下流の布施河岸から、江戸川筋の加村・流山河岸まで、約一二キロを陸送し、江戸へ舟運によるルートを利用する荷主が多くなりました。

その上に浅間の噴火で、さらに河床が上ってしまったのですから、もはや宝暦調査のような現状維持策では済まなくなりました。その打開策に、宝暦では不採択にした、赤堀川拡幅に踏み切らざるを得なくなったのです。

一八〇九年（文化六）、勘定吟味役金沢瀬兵衛は、赤堀川を幅四〇間に拡げました。

是ニ於テ河身弥《イヨイヨ》広ク、遂ニ巨浸トナリ利根ノ名亦従テ之ニ移ル（『利根川治水考』二八頁）

根岸門蔵はこう言い、利根川の名称が東遷したと認定しました。しかし、これは東流が主流視されるに至ったことであって、赤堀川は明治期になっても、この川幅のままだったのです。

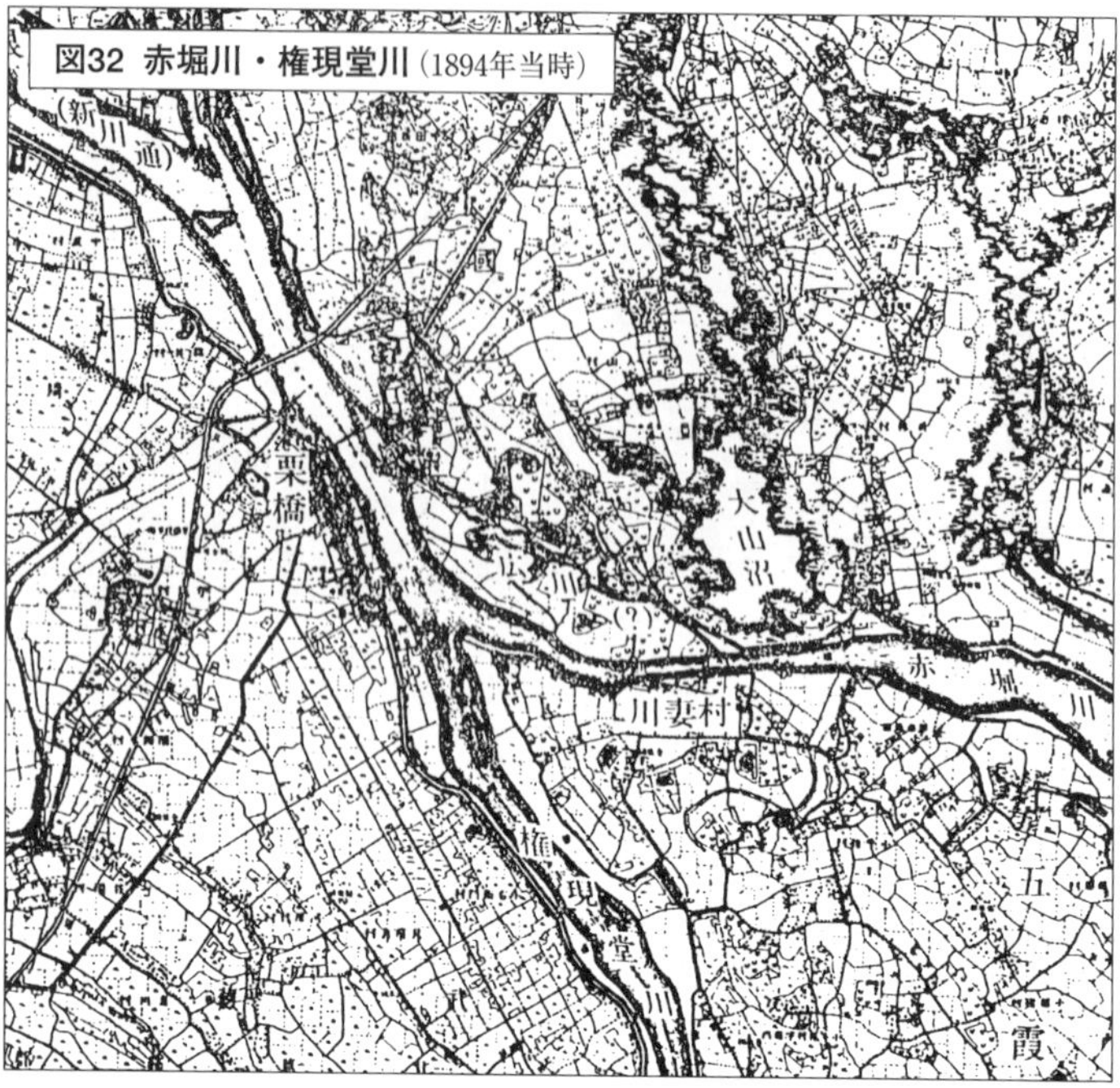

図32 赤堀川・権現堂川（1894年当時）

明治二〇年頃の迅速測図をみると、赤堀川の最も幅の狭いところは七〇〜八〇メートルとなっており、文化六年の四〇間（約七三メートル）に対応している。（『利根川百年史』三二六頁）

この文は、小出博の「利根川東遷の意図はなかった」の項です。東遷とはしていません。

文化六年（一八〇九）四〇間に拡幅している。すでに述べた天明三年の浅間山の大爆発で土砂礫の流下がはなはだしくなり、河床が上昇して川が

> 浅くなったため行なった拡幅工事である。
> 　その後明治四年に拡げているが、陸地測量部で明治十六年に行なった測量の結果は、川妻地先の赤堀川流頭で幅わずか八〇～一〇〇メートルにすぎない。この断面では利根川の少しばかりの出水も呑むことはむずかしいだろう。（『利根川と淀川』一六〇頁）

に対応しています。小出博の指摘するところは、大利根川を「東遷」させたとするには、幅一〇〇メートルの赤堀川では不十分だということです。

　それと、赤堀川には呑み口に長い狭窄部を設けて、通水量を規制していること。すなわち、権現堂川は勾配があって集流しやすいので、勾配の少ない赤堀川の流頭部は、ラッパ状に大きくして水を呑みやすくしながら、流入した水を川妻地先で規制する工事をしていることからも、本流を東遷させるための拡幅ではないと小出博は主張したのです。（図32）

　工事量にしても、江戸川開削に比べて少なく、事業完遂は易々たるものでした（図24）。三番堀でようやく通水をみたという説は正しくないと、私はくりかえします。

　利根川の東流と、東遷とのちがいは何かというならば、東流は、本流をそのままにして東へ分流することであり、東遷は本流そのものを東に遷してしまうことです。東流でいえば、権現堂堤築造や寛永大工事ですでに成しとげています。もっとも、小出博は、逆川の開削はそうした当事者の意図と期待に反し、常時権現堂川の水を常陸川に落しえなかったばかりでなく、逆川と常陸川の平水の涸渇が起こりはじめたのではないか（『利根川と淀川』一七六頁）

と考えています（実は増削でしたが）。

だが、宝暦調査時にも、一〇〇間三寸の勾配があったのですから、緩流であっても権現堂川↓逆川↓常陸川であったはずでした。江戸川の流下がよくなると、逆川の堆砂は激しくなり、川幅をせばめて、水深を保つよう浚ったこともあるでしょう。

逆川の流向が逆になるのは、やはり天明の大噴火以後が強くなったと考えます。洪水ごとに、赤堀川↓常陸川は河床が上り、権現堂川↓江戸川は、むしろ河床の下がる所もできるほど、相対的に落差が大きくなったと思うのです。そこで、赤堀川拡幅以外の工事をせざるを得なくなります。江戸川に落ちる水量を制限しなければ、下利根川の水運は破滅に瀕してしまいます。この対策は何か、それが次の棒出し問題になります。

6　関宿棒出しの設置

宝暦調査の時では、栗橋から権現堂川へは勾配がないから、工事しても埋まってしまうと書かれていたのが、四〇年後の一七九二年（寛政四）には、杭出しをすることになりました。浅間山大噴火で、河床が上った赤堀川に増量するためです。それでも不足で、赤堀川の川幅を四〇間に拡げました。それから、利根の水は、赤堀川に七割、権現堂川に三割と流れるようになりました。

ところが、それでも境河岸から下の中利根川の渇水・浅瀬による滞船は、解消しませんでした。なぜか。赤堀川の水は、七割が逆川へ入り、江戸川へ行ってしまうようになったからです。逆川が順流になってしまったのは、自然の地形に適合した流路の江戸川に、吸い込まれてしまうからでした。噴火物も、江戸川では流下してしまい、中利根川では堆積するので、せっかく、赤堀川を拡げても、第一章でも述べたように、利根川の水の二割しか中利根に行かず、八割が江戸川に落ちてしまうようになったのです。（図3）

この防止対策として実施されたのが、権現堂流頭部の杭出しの強化で、一八〇九年（文化六）の赤堀川拡幅時と、一八三九年（天保一〇）に行われ、「千本杭」とまで言われました。そして肝腎な逆川は、関宿の江戸川流頭部に「棒出し」を設置して、流入を抑えるようにしたのです。治水上の見地からは、田中正造の言を待つまでもなく、撤去すべきものですが、水運を優先した幕府は、これを設置せざるを得なかったのです。諸説（前述）ありますが、一八二二年（文政五）か一八三〇〜四三年（天保年間）のこととします。

設置には賛否があったとされます。二合半領農民石川民部が、出資して願い出たこと、上流の農民が連合して、故障の旨を申し出たことなど。そして幕府は「江戸川流頭は一八間より狭めない。権現堂の千本杭は取り払う。合の川・浅間川流頭は締切る」ことを約束して、落着しました。合の川締切りは一八三八年（天保九）でした。設置したばかりの千本杭は、一八四二年（天保一三）に撤去されました。こうして、渡良瀬川はもちろん、利根川も、近世以前の汎利根川とは、まったく異なる流れになったのです。

7　吉田松陰の利根川下り

吉田松陰

吉田松陰の「東北遊日記」に、利根川を船で江戸にもどった一節があります。黒船来航の前年の一八五二年（嘉永五）四月四日、松陰は朝、足利を出て、渡良瀬川を越え、館林に友人を訪い、留守に失望して、板倉から利根川堤の飯積《いいづみ》河岸に出ました（日記には「泉」とあります）。

一舟の人を載せて下るものを見、呼びてこれに乗る。足利よりここに至るまで六里、舟は館林を去ること里半の河股（川俣）より発するものなり。川を下ること少しばかり、又一川あり、左方よ

り流れ入る。即ちさきに渡りし所の覚川（渡良瀬川）及びその他の諸川と相合せるものにして、
これを「坂東二郎」と称す。

飯積（埼玉県北川辺町）で、舟に乗り、合流する大河の名を、舟人にたずねると、「坂東二郎」と答があったのです。渡良瀬川を、当時、当地の人々が、利根川の坂東太郎を意識して、坂東二郎とも言っていたことがわかり、ちょっと興味をおぼえます。

川を下ること二里ばかり、左岸を中田となし、右岸を栗橋となす。即ち奥州街道なり。陸に上れば関あり。御代官竹垣三右衛支配所なり。
舟に反りて又下ること少しばかり、川分れて岐《ふたまた》となる。左は則ち刀根なり。舟は右の川に曲りて下り、関宿に至る。陸に上りて食す。時に日已に暮る。

栗橋をすぎると、利根川は左右に分かれて流れます。松陰は、ここでも尋ねます。舟人、「左のながれは利根川です」
里人は、当時すでに赤堀川を利根川と見ていたのです。
舟は、右の権現堂川に入り、関宿に着きました。幕末期には、赤堀川を利根川と称する舟人がいたと、松陰は記録しているのです。つまり船頭は「坂東二郎」と言ったり、赤堀川を「利根川」

と呼んでいた事実を、松陰は「東北遊日記」に遺しました。ちなみに、同伴者は宮部鼎蔵《ていぞう》（肥後人、池田屋事件で死ぬ）でした。

第六章　利根川南遷論と鉱毒事件

1　利根川治水の基調──古利根コース

利根川は、水運主体で改修を重ね、東流の水路も確立し、江戸を中心にする内陸運輸の大動脈になりました。反面、治水上は無理が生じます。水運を第一とし、治水・開発を第二としてきた幕閣は、宝暦調査でも、利水・治水の対立を、現状維持つまり水運優先（軍事にもかこつけ）に軍配を上げました。

だが、天明の浅間焼けという大天災に遭遇しては、もはや伊奈流を金科玉条としていることはできなくなりました。忠尊は、不行跡を理由に罷免され、赤堀川増水方針が採用されます。医師山口玄亭の意見具申がもとで、一八〇九年（文化六）、金沢瀬兵衛による、赤堀川拡幅が行われたことは、すでに述べました。

この結果、赤堀川は利根川とみなされるほどになりましたが、棒出しを設置する羽目になり、治水上は上利根そして渡良瀬川に、逆流化をひどくすることになってしまったのです。

そこで、江戸川主流論・古利根再興論が提起されます。鉄道が輸送の中心になり、河川水運が衰退した近代以降は、利根川を治水の観点から見ることが強まり、現代に及んでいます。そして、利根川東遷も、その原因を水運よりは治水に求めて、改修工事が進行し、現在に及んでいます。そのための歪みについて、逐次みることにします。まずはじめに、江戸川主流論・古利根再興論を（『利根川治水の変遷と水害』を参照し）列記してみます。

①一七五六年（宝暦六）、羽生領民が「権現堂川掘削、江戸川へ落せば、水落ちよくなり、羽生領四万石のたすけになります」と願い出ました。

②一八四〇年（天保一一）、山口玄亭提出の利根川治水の意見書。「想ふに七八百年前武総二州の間を流れし川を再興いたし度」は三〇余年前に、赤堀川拡幅を提言した反省があります。

③船橋随庵（関宿藩士）、天保の改革にあたり勘定奉行岡本花亭に、「鎌倉時代の古利根川跡、栗橋辺より粕壁杉戸へ落ちる悪水路を切広げ、新川となしたき事也」。そして、その理由と、不採択を見越して、「これ地形低ければ也、たとへ江戸へ落込む水を忌むとも、水の自然なれば避かたかるべし、しかも今日の様を考るに、この新川開削の策はとても挙用あるまじく、命数極り天これを替るの時を待つの外なし」と結びました。この随庵の嘆きは、いまも続いています。

④オランダ人技師リンドウ。一八七二年（明治五）来日、測量結果「江戸川にて関宿より海に達する勾配を刀根川にて境町より海に達する者に比すれば其の傾度大」として、棒出し撤去、江戸川へ洪水流量増大の報告書を、一八七三年（明治六）提出。

⑤加茂常堅（茨城県古河市、神職）は、一九〇七年（明治四〇）、「いはらき紙」に論説をよせ、その中で「水害の主因は東遷である。政府の工事は姑息である。関宿石堤は拡げること。江戸川をさらに分水して、新川をつくること」を唱えました。同年一二月六日「利根川治水ニ関スル意見書」が茨城県議会で可決されます。加茂説に拠ったものでした。加茂説は茨城の県論となり、田中正造・吉田東伍・小久保喜七（古河の政治家）等にも影響を与えました。

⑥根岸門蔵（栗橋の治水家）は、鉱毒事件が鎮静化したかにみえる一九〇八年（明治四一）に『利根川治水考』を刊行し、その中で、関宿棒出し批判、江戸川主流論を述べています。利根川の傾度が、関宿→銚子間一尺一寸三分、関宿→東京湾二尺と差があるので、流れのはやい江戸川の「流頭棒出ヲ拡開シ、ソノ流域ト川幅トヲ均一ニシ、上流ノ増水量ヲシテ、速ニ内海ニ放瀉セシムルニ務メザル可カラザルヤ明ナリ」と主張し、田中正造を欣ばせました。

一九一〇年（明治四三）、関東大水害後の調査行脚の途次、田中正造は、関宿棒出しを視察し、根岸門蔵を訪ねましたが、あいにく留守でした。謝意を表し、治水論を交わしたかったのでしょう。

⑦吉田東伍（早大教授）。一九一〇年一二月の『利根川治水論考』で「江戸川の洪水は、上利根

のそれよりも与し易きを知るべく、又上利根を江戸川に疎通するの良策たるを悟るべし、関宿の制水は有害にして無益なり。（略）当然江戸湾に下るべき水を、余り過度に制限して十中の八分まで銚子浦へ向けるのは無理の極である」と、歴史地理学者の立場から、明快に断じています。

谷中村の遊水池化など、政府の利根・渡良瀬改修工事にも批判的で、田中正造の理解者でもありました。

⑧田中正造。一九一一年（明治四四）の「治水論考」に「もし夫《それ》地形に背き山脈に連る岡と台とを掘割り、新に河川流域を造り、流量を分水せんとするよりは、むしろ古き川筋の地勢を復するの穏当なるに如かず。渡良せ川南流せしめて旧ニ復し、利根川は葛和田の辺より、荒川は熊谷の東方より吹上の北方なる古荒川の旧川筋に分水して共に中川に注がしめ、其設備のため多少の工費を以てせるハ之れ治水の本義に近かしとす。若し夫関宿の石堤を払へ中利根川の入口を開き其他数ケ所の妨害を除かバ、平水尺余を減じ洪水又丈余を減じ、改修の必用殆んど其半ニ達せんなり」と述べています。（『全集』⑤一八頁）

これは江戸川主流論というより、古利根・元荒川に着目し、太田道灌当時の流路を復活する。昔時の汎利根川にできるだけ近づけるのが至当だとうけとれる、最も根源的な発想です。

⑨武本為訓（千葉県の医師）。一九四七年（昭和二二）九月一五日、関東地方を襲ったカスリーン台風は、利根川水害史上最大の被害を出しました。その一二月に武本為訓は「利根川治水根

本対策建白書」を、総理大臣兼農林大臣片山哲に提出しました。要点は、利根川決潰口から、川幅六〇〇～八〇〇メートルの新川をつくり、古利根・中川に接続して、東京湾に放流することでした。これが採用されていたなら、利根川治水はまったく問題がなかったろうと思いました。

⑩徳田球一（共産党代議士）は、一九四九年（昭和二四）、「利根川水系の総合改革」を発表しました。その中には「川俣を起点に古利根川を、熊谷を起点に元荒川を再興し、中川に合流させ、三川とも運河とする。谷中遊水池は開発する。江戸川は拡幅して、運河網に組み入れる」などがありました。

⑪君塚貢（利根川沿岸農地改良計画従事）は、一九五二年（昭和二七）に「利根川の変遷と改修問題」を自費出版しました。骨子は「南遷河道」と題した江戸川主流論で、「利根川放水路」案を否定しました。君塚案について、大熊孝は、「工事費の積算がなされているほどの具体性のある計画であり、利根川改修改訂計画に対する批判のなかで最も実現可能性の高い計画であるといえる」（『利根川治水の変遷と水害』二九四～五頁）と高く評価しています。

⑫利根川治水研究会。一九五七年（昭和三二）の「利根川治水根本対策請願書」で「吾等も亦多年実地に踏査研究の結果利根の本流（関宿～銚子間）を予備河道とし流路河口迄最短距離にして然も落差急なる江戸川を主流となすことが洪水を未然に防ぐ」ことを主張しました。この会の会長は羽生市の医師篠原順、副会長も医師で『利根川』（三一書房）の著者飯島博。顧問に

君塚貢、武本為訓がいました。

⑬大熊孝。『利根川治水の変遷と水害』一九八一年（昭和五六）刊のあとがきで、利根川放水路計画は放棄し、代替に江戸川流量現在毎秒五五〇〇立方メートルを、毎秒八〇〇〇立方メートルに増やすことを主とした「伊奈一族の利根川治水体系の現代版」を提言しています。（後述）

そして、古利根再興論の極め付けとなる、「利根川の大洪水というものは、寛保二年、天明六年、弘化三年、明治四三年、昭和二二年のいずれの洪水も、あらゆる人事の努力をも打ち砕き、かつての乱流故道を流れて東京湾に流れ込んでいる。ここに、古利根川再興論は、利根川治水における真の正当性を有しているように思われる」（『利根川治水の変遷と水害』一〇五頁）

原　敬

以上のような見解を示しています。これまで、田中正造ほか、幾人もの利根川治水論をならべてみましたが、要は、この大熊説におちつきます。この「千古不易」の利根川治水の根本義を無視して、明治政府が、利根川東遷を遂行したのはなぜなのか。そこには、小出博が明言した「足尾銅山鉱毒事件」があったのです。

2　足尾鉱毒と渡良瀬沿岸事情

一八七五年（明治八）五月一日のこと、

神戸《ごうど》より沢入《そうり》を経て足尾に至る。足尾銅山休業中なり。細尾に至り細野某方に宿す。

のちに、足尾銅山の経営に加わり、その資金で、政友会をにぎり、平民宰相といわれた原敬（一九歳）の、青春日記の一節です。この休山同様の足尾に眼をつけ、一八七六年（明治九）の大晦日に購入したのが、のちに銅山王と称された古河市兵衛でした。

一八七七年（明治一〇）の産銅は、わずか四六トンでした。それから数年間、生産は上がらず、鉱毒流出どころではありませんでしたが、一八八四年（明治一七）、二二八六トンになりました。

それからは、目を見張る増産ぶりで、日本の重要な輸出品になると同時に、鉱毒のたれ流しもひどくなるのでした。

一八八五年（明治一八）、

足尾銅山　粗銅生産量推移表（単位：トン）

西暦（元号）	生産量
1877（明10）	46
78（　11）	48
79（　12）	90
80（　13）	91
81（　14）	172
82（　15）	132
83（　16）	647
84（　17）	2,286
85（　18）	4,090
86（　19）	3,595
87（　20）	2,987
88（　21）	3,783
89（　22）	4,839
90（　23）	5,789
91（　24）	7,547
92（　25）	6,468
93（　26）	5,165
94（　27）	5,877
95（　28）	4,898
96（　29）	5,861
97（　30）	5,298

「通史足尾鉱毒事件」「足尾郷土史」より作成

龍蔵寺境内から足尾製錬所を望む

渡良瀬川の鮎大量死が報じられ、川沿いの作物に、生育障害が目立つようになりました。銅山周辺の山林は、銅山で使用するため伐り倒され、煙害で枯れ、その上、一八八七年（明治二〇）には、大山火事もあり、みるみる荒廃してしまいました。

一八九〇年（明治二三）は、さまざまなことがありました。二月に利根運河通水、関宿を経由する船が減少。七月に第一回総選挙、田中正造当選。八月に利根川本・支川大洪水で渡良瀬川流域は鉱毒被害甚大。一〇月に教育勅語発布。一一月に入ると栃木県下都賀郡谷中村では、

全く収穫を失わしむるに至りしを以て、今回同村の有志発起となり、足尾銅山借区人古河市兵衛氏に対し、談判を開

鑛毒直訴事件

田中正造の直訴を伝える新聞

き、既往の損害要償と併せて位置変換を要求せんと大字下宮なる古沢繁（ママ）次氏外数名を総代に撰み（下野新聞一二月二日号）

近隣町村に同調を求めました。三《み》鴨《かも》村では一一月八日の村議会で、損害の要求・製銅所移転要求を、古沢繁治等に委任することを決定しました。「鉱毒事件」の勃発を告げる動きでした。一二月に足尾銅山では、間藤水力発電所の竣工により、生産がさらに増大します。

田中正造は、早稲田の学生左部《さとり》彦次郎に調査を依頼し、第二回帝国議会で「足尾銅山鉱毒ノ儀」について、一八九一年（明治二四）一二月一八日、質問しました。一八九二年（明治二五）五月議会にも「足尾銅山鉱毒加害ノ義ニ付」質問し、農商務大臣に辞任を要求しました。

政府は、県知事・県議等を働かせて、古河市兵衛と被害民に、金銭示談を進めました。ところが日清戦後の一八九六年（明治二九）、安政以来の大洪水は、被害地を一府五県に拡大し、永久示談交渉など、一気に押し流しました。被害民は、田中正造の指導の下、群馬県邑楽郡渡瀬村（現館林市）の雲竜寺に、「足尾銅山鉱業停止請願事務所」を設置し、「大挙直接請願」、地元で言う「大押出し」を展開します。

一八九七年（明治三〇）三月は、初旬に第一回、下旬に第二回の大押出しを決行し、帝都を震駭させました。明治天皇は宸禁を悩まして、侍徒を派遣し、農商務大臣榎本武揚は引責辞任し、代って内閣直属の足尾銅山鉱毒調査委員会が設置されました。ほぼ鉱業停止かと思われましたが、福沢諭吉の銅山擁護論にあと押しされた政府は、結局、鉱毒防止工事を命じたにすぎませんでした。

石川半山

一八九八年（明治三一）九月の洪水で、できたばかりの沈殿池が決潰、（棒出し強化もあって）大被害をもたらしたので、被害民一万は、第三回の大押出しをかけますが、田中正造は保木間（東京都足立区）に迎えて、「今の大隈板垣政府は諸君の内閣だから、代表者による陳情にしてくれ。ダメだったら正造が先頭に立つ」と約束して解散させました。だが、正造の期待も空しく、憲政党内閣は、板垣・星等の策謀で分裂し、大隈の願いを明治天皇が容れなかったために、四か月で瓦解してしまいました。そして登場したのが、反動の山県内閣でした。正造と被害民は対決せざるを得ず、青年決死隊とか鉱毒議会など、組織を強化すると、非命の死者一〇六四名の仇討請願を呼号して、第四回の大押出しを発動しました。一九〇〇年（明治三三）二月一三日、利根河畔川俣宿の入口で、待ち構えた警官・憲兵の三〇〇余は、無防備の請願者に襲いかかりました。兇徒とされたリーダー達五一名は、川俣事件公判廷に立たされました。

正造は大弁護団を組織して、徹底的に裁判闘争を展開します。また、毎日新聞主筆の石川半山と、ひそかに天皇直訴を計画して、幸徳秋水の協力も得ました。鉱毒世論を高揚させたところで、一九〇一年一二月一〇日、明治天皇直訴を決行して、満天下の耳目を聳動させました。

正造のねらいの一つは、勅令を出させて、鉱毒事件を被害民有利に展開することでした。

勅令は川俣事件二審判決に合わせて、一九〇二年三月一五日に出ますが、正造の願いとは異なる鉱毒調査委員会の設置でした。直訴直後に、秘密裡に栃木・埼玉両県知事に指令がありました。谷中村、利島村、川辺村を潰して、大遊水池を造成することによって、逆流洪水を収容し、上流被害民を安堵させること、すなわち鉱毒問題を治水問題として処理し、運動を分裂・鎮静化させる狙いでした。この年五月二八日、正造が庭田恒吉（川俣事件被告）に宛てた書簡に同封した次の和歌があります。

幸徳秋水

毒流すわるさやめずバ我止まず
わたらせ利根に血を流すとも

利島・川辺村民は、この悪計を察知すると相愛会（鉱毒議会の両村版）を結成し、青年が主体となって、第五回、六回の大押出しを敢行します。その間には、女たちの押出しもあり、正造の直訴に励まされた被害地は、川俣事件当時以上に燃え立ったのです。その絶頂が、火打沼村民大会で、一九〇二年（明治三五）一〇月一六日、利根川破堤所で「納税・徴兵を拒否する」決議を行ったことです。

雲竜寺にある「毒流す」の歌碑

日英同盟を締結して、日露開戦に、国民総動員を企てる政府には、鋭いトゲとしてささります。村民のまわりには、田中正造に「煽動された」数十万被害民がいて、少なくも納税不払いの火の手は各所で上っていました。川俣事件にも屈しない被害民の弾圧は不可能でした。

暮れには埼玉県知事は利島・川辺の遊水池案を撤回しました。大審院の差しもどし審である仙台控訴院も、川俣事件を書類不備を理由に、公訴不受理判決を下しました。一九〇三年（明治三六）は、正造と被害民がホッとした年でした。一月一六日の栃木県議会は、知事提案の谷中村遊水池化を含む予算を、再度否決してしまいました。

一九〇三年（明治三六）は、長期にわたる鉱毒事件の転期になります。三月に鉱毒調査委員会は、桂総理に報告書を提出しました。六月、島田三郎の質問に応じて、公表されましたが、この中に谷中村を遊水池にすることが明記されていました。八月には、鉱毒被害民の東京鉱毒事務所が閉鎖されました。秋には被害地は豊作に恵まれました。昨年の足尾台風が、無毒の山土を、大量に客土したがゆえでした。「ロシア討つべし」の世論に押されて、万朝報や毎日新聞など、非戦論から開戦論へと転じ、鉱毒報道は姿を消します。

現在も渡良瀬遊水池に残る排水器場跡（写真提供：堀内洋助氏）

3　谷中村遊水池化強行と田中正造

田中正造直訴直後から、利島・川辺・谷中村の遊水池化が、潜行し始めました。一九〇二年（明治三五）

末、栃木県では溝部知事によって案が作られ、代った菅井知事が県議会に提出して否決され、一九〇四年（明治三七）、知事は白仁《しらに》武《たけし》となりました。「知事代りて白仁武卜なる。之れより警官の態度変る」（『全集』⑪四七頁）とあるように、谷中廃村が至上命令だったのです。

当時谷中村は、関宿棒出しの強化による水害に苦しんでいました。せっかく設置した排水器も使用不能で、借金だけが大きくなっていたのです。

栃木県は、谷中村堤防を復旧工事の名目で破壊し、売村派の策動を助長します。田中正造は、七月三〇日、谷中問題に専念するため谷中入村し、川鍋岩五郎方に寄留します。

谷中の命運を決した一二月一〇日、県議会は臨時土木費を可決しました。一二月二四日、帝国議会も通りました。四八万円が、谷中村買収費でした。

一九〇五年（明治三八）一月一六日、利島川辺両村から「谷中村買収廃止請願書」が貴・衆両院議長に提出され、採択されます。

趣旨は、

谷中村を遊水池にすると、赤麻沼を合して一大湖水化し、そこへ利根の逆流と、渡良瀬の増水がみなぎり、川辺村の小野袋や柏戸の堤防はひとたまりもなく潰えて、利島・川辺は水底となります。余勢は利根川を衝き破り、南岸東村を呑み込み、埼玉から東京府下に大被害をおよぼします。

田中正造

と、四〇余年後のカスリン大水害を、まさに予言するものでした。

だが銅山擁護の政府は、聴く耳を持ちませんでした。

栃木県は、逐次予算執行し村民追い出しにかかり、一九〇六年（明治三九）七月一日、谷中村を廃して、藤岡町に合併しました。

一九〇七年（明治四〇）には、土地収用法を適用して、残留民の家屋一六戸（堤内一三堤上三）を強制的に取り崩しました。こうして谷中村は遊水池に変わりましたが、まだ堤外約五〇戸と、堤内に仮小屋を建てて抵抗する残留民のくらしがありました。

このとき、正造は「辛酸亦入佳境」と、その心境を吐露しました。一方、原敬は七月三日、参内して、明治天皇に拝謁言上しました。

> 序《ついで》を以て栃木県谷中村残留家屋十三戸破壊の情況を奏上せり。此事たる特に奏上すべき程の問題にも非ざれども、新聞紙上に毎日登載に付序ながら奏上せしものなり。

辛酸亦入佳境
（藤岡町：島田稔氏所蔵）

要するに法律を無視し、田中正造等の教《きょう》唆《さ》によりて頑として動かざるものなり。百七十戸ばかりの内僅かに十三戸は止りて動かず、依て破壊せしなり。（『原敬日記』内相時代篇七四頁）

鉱毒事件は、こうして内務大臣原敬の関心事ではなくなります。残されたのは亡村谷中の遊水池を、さらに拡大する工事でした。

4　渡良瀬川改修工事と田中正造最晩年のたたかい

田中正造最晩年の反対運動であった、渡良瀬川改修工事とはどんなことかというと、

①遊水池の拡張。旧谷中村と赤麻沼を主として、三〇〇〇町歩を遊水池にする。
②足利の岩井山を起点に、川幅を一〇〇間とし、下流は二三〇間に拡げ、直流化する。
③藤岡の丘陵部五〇〇間を開削して、幅九〇間の新川を通ぜしめ、渡良瀬川を東遷し、落差八尺余の赤麻沼に落す。

要するに、川幅を拡げて赤麻沼に直流させれば、中流の雲竜寺辺は水害を免がれるようになる。そうなれば、最も戦闘的な被害民がおとなしくなる――鉱毒事件は収束するのです。これが内務省の読みであり、鉱毒流下は続いても、運動は分裂し、ほぼ消滅します。谷中村の復活もなくなります（このプランは館林藩時代に、大出地図弥によって提起されたことは、『鉱毒事件の虚構と事実』で扱ったところです）。

この案に、田中正造は猛反対でした。

〇渡良せ川を藤岡町の北方ニ切落し、我々頭上より鉱毒を浴せん、注がんとす。人道の没落甚し。一方ニよく一方ニあしく、治水を戦争の如くす。治水ハ階級なし。治水ハ私利なし。治水愛憎なし。然るに此改修ハ足利、安蘇、旧梁田、邑楽《おうら》の諸郡ニ利ニして、下都賀、北埼玉、猿島ニモ亦西部四郡ノ如く流水を速かにすべし。之を治水と云ふなり。多大の村々を潰すハ、村潰し人殺しの名なり。毫も治水の義なし。谷中を亡すハ亡すなり。潴水の名ニあらず。人を殺せバ人殺しなり。人を殺して治水と云ふべからず。（「日記」一九一〇年三月・『全集』⑪三八四頁）

と、治水の本義にもとるものであると断じ、また、

天然の自然を破却し、藤岡町の北方に於て新川を赤麻村に切り落し、下都賀郡南部多数村々及び茨城、埼玉、群馬地を合せて亡さんとす。而して赤麻村の谷々（略）及び元谷中村を合せて反別三千三百町と唱ふる遊水池を造るが如きは地形を破るの甚だしきもの也。此くの如きは天然に大反する悪事のみならず、治水を知らざる愚人の寝言、国家社会の破壊をも顧ざる愚人の乱暴狼藉と云ふべし。毫も人類生活の社会を知らざるものと云ふべし。（『全集』⑪四八四頁）

天然自然の地形を破り、環境を破壊するものであって、治水を知らぬ愚人の仕業だときめつけました。さらに事実を挙げて、遊水池計画の無効を説きます。

何ぞ図らん、本年八月十日利根川大洪水あり。渡良瀬川に逆流せる大水、思川及び巴波川、

与良川、伊〔江〕川、矢田川に逆流せる到着点、及び之に支へられて各枝川汎濫の区域を見ば、利根川逆流影響地方は数万町の広大に及びたり。今は何人も藤岡町を切り落して遊水池を造るの無益有害の多大なるを覚知せり。実に今は多大の国帑を濫費するの悪事を知れり。小学児童も尚よく此理を解するに至れり。実に本年八月利根川の大洪水は明によく之を説明せり。（『全集』⑪四八五頁）

いわゆる「四三年の大水」と、今に語り伝えられるほどの大水害には、藤岡台地を切り拓いて新川を拡げた遊水池に流し込むなどは無益有害だと宣告しました。

田中正造の弟子島田宗三は言います。

渡良瀬川改修工事――これこそ実に田中翁が沿岸被害民と共に二十余年間の生命財産を賭けて戦った結果ようやくかち得た代償である。いいかえれば、田中翁の明治天皇に対する決死の直訴によって喚起された世論に動かされて、第二次内閣鉱毒調査会が六年の歳月を費してようやく結論を出したものである。（略）足尾の鉱毒と関宿の逆流を除くための真の河川改修であったなら、あるいはそうでなくとも、もし翁が通り一遍の政治家であったならば、この改修工事実現をわが功成れりとして誇ったかも知れない。

だが、実際は原爆禁止を叫んで水爆を投下されたようなものであった。（『余録』上二一一頁）

5　渡良瀬川改修工事と被害民の分裂

遠因は正造直訴対策として、直接的な起因は第二次鉱毒調査会の報告で始まったとも言えるものです。遊水池造成のほか、渡良瀬河身の幅を拡げ、屈曲を減らし、護岸工、堤防新設増補をすることなどで、大水害後の利根川治水事業の一環でもありました。当時、利根川改修は第一期工事の、銚子から佐原までの四二キロが進行していました。一九〇九年（明治四二）三月二一日、武藤金吉（群馬）・木村半兵衛（栃木）の両代議士が中心となり、利根川・渡良瀬川の河身速成のため「利根川治水会」を結成しました。関係地域の貴衆両院議員によるメンバーで、利根川改修第二期工事（一九〇七年度着工）、第三期工事（一九一〇年着工）と、同時的に着工することにありました。こうした動きに押された内務省は、一九〇九年九月、改修案を作り、関係各県に提示しました。（図33）

これを知った田中正造は、急ぎ宇都宮に出向いて、精力的な反対運動を展開しました。最もはやくこの案を可決したのは、武藤金吉の影響を受けた群馬県議会で、九月七日、わずかの八分間で可決したといいます。

栃木県議会は、九月一〇日、第九回臨時県会を開会、「諮問案渡良瀬川改修費用ノ件ニ対シテハ重大問題ナルヲ以テ実地ヲ踏査」してからと答申、一五日閉会。第一〇回臨時県会は九月二三日

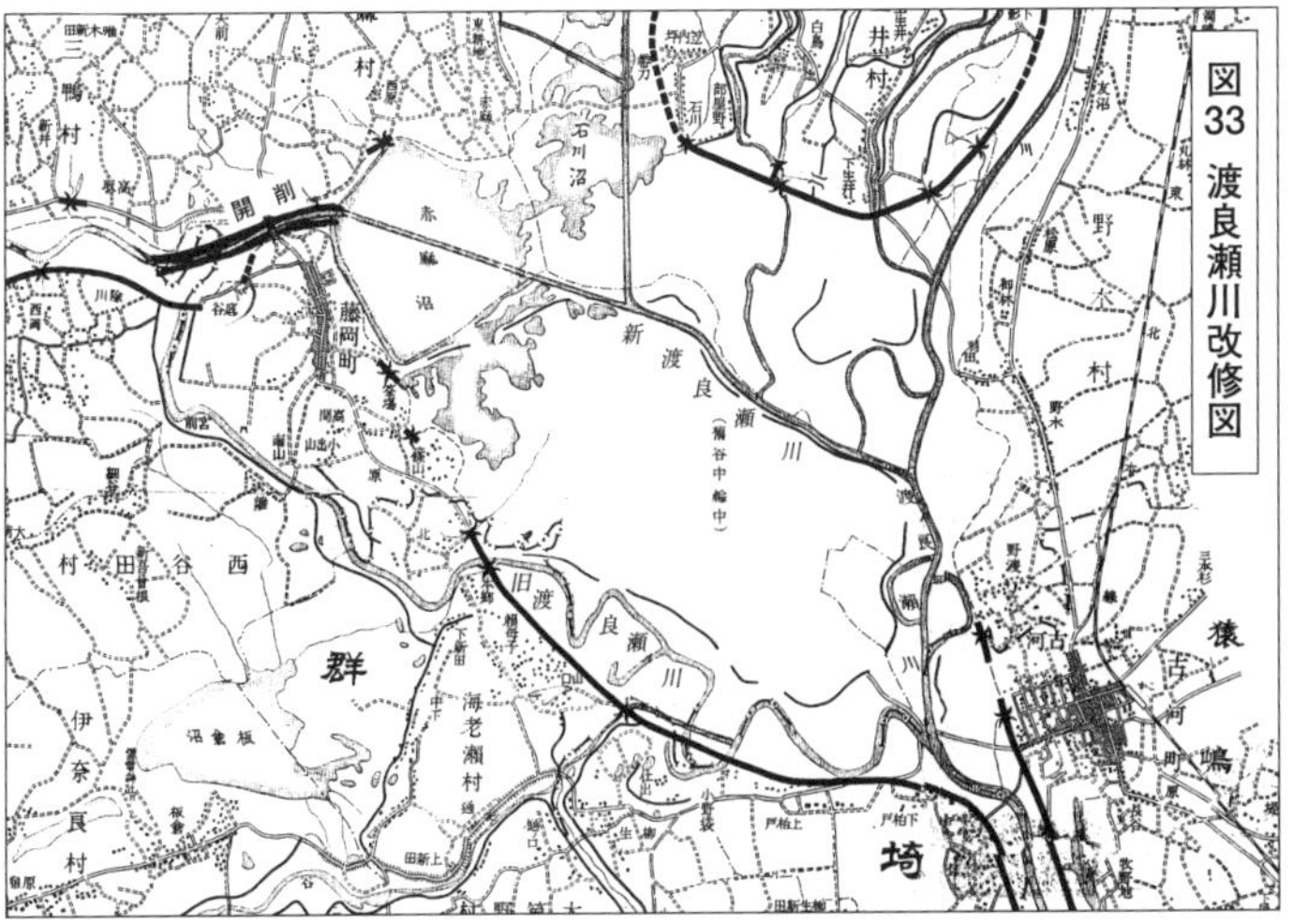

図33　渡良瀬川改修図

開会です。その間が、賛否両派の陳情合戦でした。こうして渡良瀬中流域に暮らす年来の正造支持者多数が離反してしまいました。

九月一六日、正造は逸見斧吉にあて、

○野口春蔵氏、大出喜平氏を始め従来の同志ニ郡狂せり。（略）但シ此人々トいゝども、郷里地方大勢の希望浅溥ニセヨ、多年耕作収入乏シク貧困ノ人民ヲ救フデ無理モナシ。コレ人ナリ。未ダ神ニ至ラザルノミ。御あわれみ相願度……。（『全集』⑱四六頁）

と書き送り、「狂セリ」と嘆きながらも、離反者へも同情をよせています。

残留民の名前で、県会議長に提出された陳情書は七通に及びました。

九月一八日、現地視察に出た県議団は、内務省の官船で、渡良瀬川を下り、古河に泊り、一九日、生井・部屋方面、二〇日は利根川を銚子まで視察というより、観光旅行をしました。

九月二〇日（?）、東京の島田三郎代議士に、

今回は稀有の義人、大出、野口両氏とも正造の反対です。けれども又此人としてハ鉱毒民救済の立場よりして事情止ミなからん。人としてハ止ミなからん故か、熱心猛烈の反対ですけれども、普通無理なき事と存じます。此忠良なる野口、大出両氏が、あの我欲なる武藤と提携を忍んで正造と絶対ニ反対する、其心中さぞや〳〵悲しからんと深く汲察仕候得ば涙だの外なしであります。（略）

○偶々其喜ぶものハ局部の悲惨を救うの人々のみ。憐れなるかな渡良せ川沿岸の民よ、予ハ只泣て書す。（『全集』⑱七四頁）

切々と訴えました。

九月二三日、県議会が開かれました。大勢は決していましたが、石川玄三議員は、「県百年の為めに遺憾なく忌憚なき意見を」発表し、碓井要作議員も、「この問題について自分の信ずるところの主義主張を発表して重囲の裡に倒れるのが本員の最も名誉とするところ」と、痛烈な反対意見を絶叫し、議長から、「なるべく言辞は慎みますように」の注意を受けるほどでした。（『余

録』上二二四頁による）
　九月二五日、茨城県議会は、改修案否決。
　この日、「古河より　病人運動中」の正造は、

　　過日ハ余分の御尽力ニ候処、其のちハ如何。陳情の七回目ハ貴下の名にて代表書さし出し候。（略）其のちハ何故御出なきか。今日の場合を常の事とせるにハあらざれど他の人々とハ違へ可申候。老生も実ニ困り候。今日ハ茨城知事、議員来りたり。うつの宮も危うしく〳〵。谷中青年寝むるにも余りありです。（略）
　　なお青年御励精可被下候。青年ハわらじで出宇当然。（『全集』⑱七二二頁）

と、身なりなど気にせず、宇都宮へ出かけなさいと島田宗三を励ますのでした。

　県議会の審議を、自派有利に傾けようと、議事堂内外は、賛否両派の被害民が入り乱れて争いました。

　しかし安蘇・足利の被害民は、いずれも千軍万馬の闘士で、すでにその場を圧していたのに対し、下都賀南部の被害民はほとんど処女のような低調ぶりであった。たとえば藤岡以西の賛成派は脚絆に草鞋《わらじば》穿きの闘争姿であるのに、藤岡以東の反対派は羽織袴の正装ぶりが多

かった。(『余録』上二一六頁)

九月二七日、県議会は改修案を可決閉会。

それでも屈しないのが正造です。栃木がダメなら、埼玉で喰い止めようと、利島・川辺に行き、埼玉県議会に提出する陳情書作りをします。一〇月一日、逸見斧吉に「少々病気中うつの宮往来三回。◎正義ハ六名のみ。敗。○茨城一先延期。○埼玉可否未定、群馬ハ已ニ可決」と、情況を報じました。

一〇月二日、碓井要作には「生も昨日は埼玉けん会陳情のために川辺、利島に行き、有志数名に、今ニ日夕までに意見書を同志議員に差出すことにして已に決行いたし候に付、両村の人二人多分今日中うらわ町に参ります」と報じました。さっそく、その成果が現われました。

一〇月三日、島田熊吉・宮内勇次《(治)》・染宮与三郎等残留民に、朗報「さい玉県会今三日否決、目出度候。大万歳」を出しました。茨城についで埼玉と、内務省側は苦杯を喫しました。

一〇月五日、谷中残留民の島田栄蔵に「其後ち埼玉けん会発明にて否決せしより、先此一ケ年丈ハ安心ニて候」と、つかの間の安堵感を洩らしました。

一方、茨城県では、否決された改修案が、再び通常県会に付議されることになり、議長長塚源次郎(長塚節の父)に宛てた、反対の陳情運動が為されました。碓井要作栃木県議も、

春の風物詩となった渡良瀬遊水池のヨシ焼き（共同墓地付近）

同志和田大三郎氏と共にこれを阻止するため茨城県会に運動する旨、十五日付で翁に書を送り、大いに奔走したが、却って官権および中央代議士の運動が強行され、臨時県会で否決後僅かに二カ月を出ずして遂に原案通過と急変化してしまった。（『余録』上二二七頁）

一一月二八日、茨城県会は、再付議の改修案を可決したのです。残るは埼玉県会のみとなりました。

一二月一〇日、正造は浦和に赴き、県会議長に面会、一一日にも会い、一四日まで浦和に滞在し、警戒を続けました。逸見宛一四日のはがきに、

「問題提出なし。知事ハ一両日前より出京

中。本日閉会です」

知事の行先は内務省でした。古河に戻った正造は、同日、島田熊吉に、

埼玉ニてハ問題提出なし。されバ暫らくハ中止ニて候。我党ハ当分の勝利ニ候。尚謹んで調査事に心を用へられたく、……（『全集』⑱一三四頁）

とはがきを出しました。

一月二五日、利島村の飯塚伊平ら四名は「憲法擁護栃木群馬茨城三県の決議に対する請願書」を貴族院に提出しましたが、二月一二日却下になり、その間の二月九日、ついに埼玉県議会も、改修案を可決してしまいました。

各県の条件が整うと、政府は三月二日、渡良瀬川改修費を、一九一〇年（明治四三）度追加予算として議会に提出。正造の反対運動は、国会に向けられます。三月二日は東京に入り、三日海老瀬の増保金蔵等に、

本日島田、卜部、花井三氏の紹介ニて両院ニ提出の手続相運び候。御休神可被下候。（略）右ハ我一人の事ニもあらず、字北（字北海老瀬＝筆者注）の事ニもあらず、広き日本国家社会のためなれバ、御尽力の御礼申上候次第ニ候。

尚此上とも御字中の諸君ニよろしく、公共上の事を……（『全集』⑱一六五頁）

とのはがきを出しました。

三月二三日、帝国議会はついに追加予算案を可決、閉会。渡良瀬川東遷工事確定。

三月二六日、この日、正造は一〇通からの手紙を書きます。その中の一通で島田栄蔵等残留民に宛てたもの。

遊水池、鉱毒沈澱池となる事ニ決議ハ出来た。馬鹿な決議ハ出来た。けれども谷中ハ谷中の権利がある。驚くなかれ、狼狽するなかれ。（『全集』⑱一八八頁）

谷中村復活の願いは、決定的に遠のいてしまったのですが、正造と残留民は、あくまでも谷中の土地にしがみついていました。そこへ、八月になると台風が連続してやってきました。八日、九日、一〇日と、強風・豪雨で、仮小屋の塚は崩れ、留まることは不可能となり、藤岡や野木の高台に避難しました。このときは、死傷者・行方不明者計一四〇〇を超えるほどの大惨害になりました。

この水害の年から利根川改修第三期工事が始まります。これによって利根川東遷は完結するのです。田中正造の河川調査行脚も、この秋からはじまり、翌一九一一年（明治四四）に「下野治

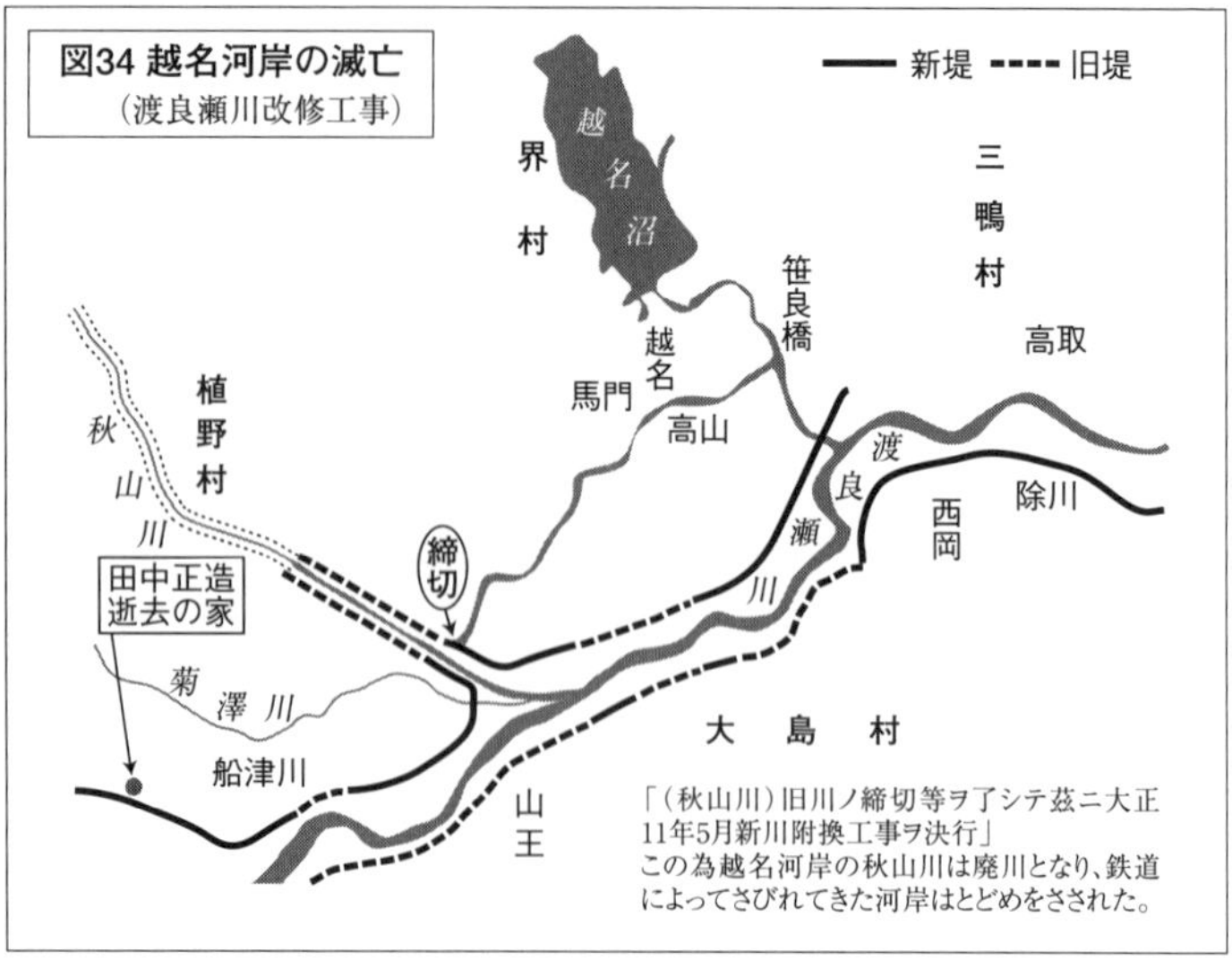

水要道会」の結成を企図するのでした。

6　越名・馬門河岸の滅亡

渡良瀬川の改修工事で滅びたものは、谷中村復活の運動や、赤麻沼がありますが、他に渡良瀬川の水運がありました。鉄道の発達によって、衰退の一途をたどった水運ですが、そこには河川に対する政策転換も、大きく影響しました。その典型として、越名・馬門河岸がありました。河川改修工事で、生命である秋山川を、付替えられてしまい、廃川同様になってしまったのです。一九二二年（大正一一）に、新川直流工事・旧川（越名・馬門河岸）締切が為されました。かくて、繁栄を誇った河岸は、滅亡してしまいました。（図34）

第七章　利根川東遷の完結と課題

1　利根川東遷の完結

利根川改修工事は、川俣事件で、鉱毒被害地を弾圧の嵐がおそった一九〇〇年（明治三三）に始まりました。第一期として、銚子河口から佐原までの四二キロ。第二期工事、佐原から取手に至る五二キロを一九〇七年（明治四〇）着工。第三期工事、取手から群馬県佐波郡芝根まで一一〇キロを、一九一〇年（明治四三）着工。

ここでは第三期工事で、ついに赤堀川が名実ともに利根川になり、古来の河道権現堂川が廃川となり、関宿棒出しが、水閘《こう》門に代り、中条堤が廃されて、渡良瀬遊水池が造られたことなどが目ぼしい工事でした。

関宿の江戸川流頭部に「利根川治水大成碑」があり、碑文に、

かつての関宿棒出しは水閘門に変わった

赤堀川ヲ鑿《さく》平拡築シテ本流トナシ、権現堂川ヲ廃川タラシメ、（略）江戸川ニ於テハ流頭ヲ山王ノ地ニ鑿《うが》チテ、本川ヨリ所定ノ水量ヲ分派セシメ、水堰ト閘門トヲ設ケテ之ヲ調節シ、幕府以来久シク高水抑制ノ用ニ供セラレシ関宿ノ棒出シハ之ヲ撤シ

とあります。撰文は内務省東京土木出張所長内務省技師正四位勲三等工学博士の真田秀吉です。ここで判るのは、利根川管理者が「赤堀川をひろげて本流とした」としていることです。それまでは利根川本流と見てはいなかったことにもなるので、ここに初めて、利根川東遷が完成・完結したということができたわけです。

小出博は、この東遷の事実を地図で確認し、次のように述べているのです。

明治十六年に行った測量の結果は、川妻地先の赤堀川流頭で幅わずか八〇～一〇〇メートルにすぎない。この断面では利根川の少しばかりの出水も呑むことはむずかしいだろう。拡幅がすすむのはその後で、昭和四年の地形図では、川妻地先の高水敷の幅は六〇〇メートル以上である。（『利根川と淀川』一六〇頁）

そしてこの事を、松浦茂樹は、出水状況が上利根から下利根へ移った事実に鑑み、

この改修計画が完成したのは昭和五年（一九三〇）であった。この竣工から間もない一〇年（一九三五）、利根川は大出水となったが、上利根川で氾濫することなく、旧常陸川筋に流れていった。すなわち、上利根川の大出水が上利根川で破堤することなく赤堀川筋を流れ、旧常陸川に流下していった有史以来初めての大洪水であった。ここに、近世初期から行われた利根川東遷が完成したのである。（『アーカイブス利根川』四八頁）

としています。

これらの事実からしても、「承応三年利根川東遷」の虚妄は、ぜひとも払拭してしまいたいも

のです。

ところで、一九三〇年（昭和五）以後に露呈した、利根川治水計画の欠陥を改めるべく、「利根川放水路」案が浮上しました。が、これは、なんと半世紀以上も棚ざらしになっています。次にその問題を採りあげます。

2　決潰口碑は語る──改修工事の反省

東武日光線の新古河駅を出て、渡良瀬遊水池の大堤防に上ると、「決潰口碑」が建っています。私はこの碑文を読むごとに、しみじみとした想いで、広大な遊水池を眺め、かつ、ここに二億トンの濁水が渦巻くときの恐ろしさを、堤下に密集する埼玉都民ともいうべき住宅地の、屋根を見おろして、おもい浮かべます。そして碑文ににじむ工事者の、良心のいたみを感じるのです。

カスリン台風による異常な降雨を集めた利根川と渡良瀬川の水は、昭和二二年九月一五日夜半、この堤防を溢《いっ》流決潰し川辺利島二ケ村を、水底に没しました。

昭和一〇年と昭和一六年にも、大出水があり、過去の改修大工事では、利根川を守り切れないことが明らかになったにもかかわらず、戦争の噪音にまぎれて、治水を怠ったからであります。

カスリン台風による大洪水（被害）を刻む決潰口碑

敗戦後の乏しい国力と、変動する社会情勢の下にあって、利根川の復旧と増補に苦しんだ戦いは、この国土に住む限り、治水を疎にしてはならないことを痛感し、沿岸の方々と、われわれに続く河川工事関係者に、不断の努力を切望します。

昭和二五年九月一五日

利根川上流工事事務所長　横田周平

北川辺水害予防組合建立

このとき、堤防を溢流決潰した濁流に呑まれて、遊水池周囲の人々一二一名が溺死したのです。「過去の改修大工事では利根川を守り切れないこと」のみならず、かつて正造達が予言した悪夢が現実となり、〝平地ダム〟の決潰は、多数の人命と財産とを呑み込む危険を、明らかにしたのです。（図35）

大先輩の真田秀吉が、

衆民ソノ生ニ安ンジ、産業イヨイヨ興ルベシ

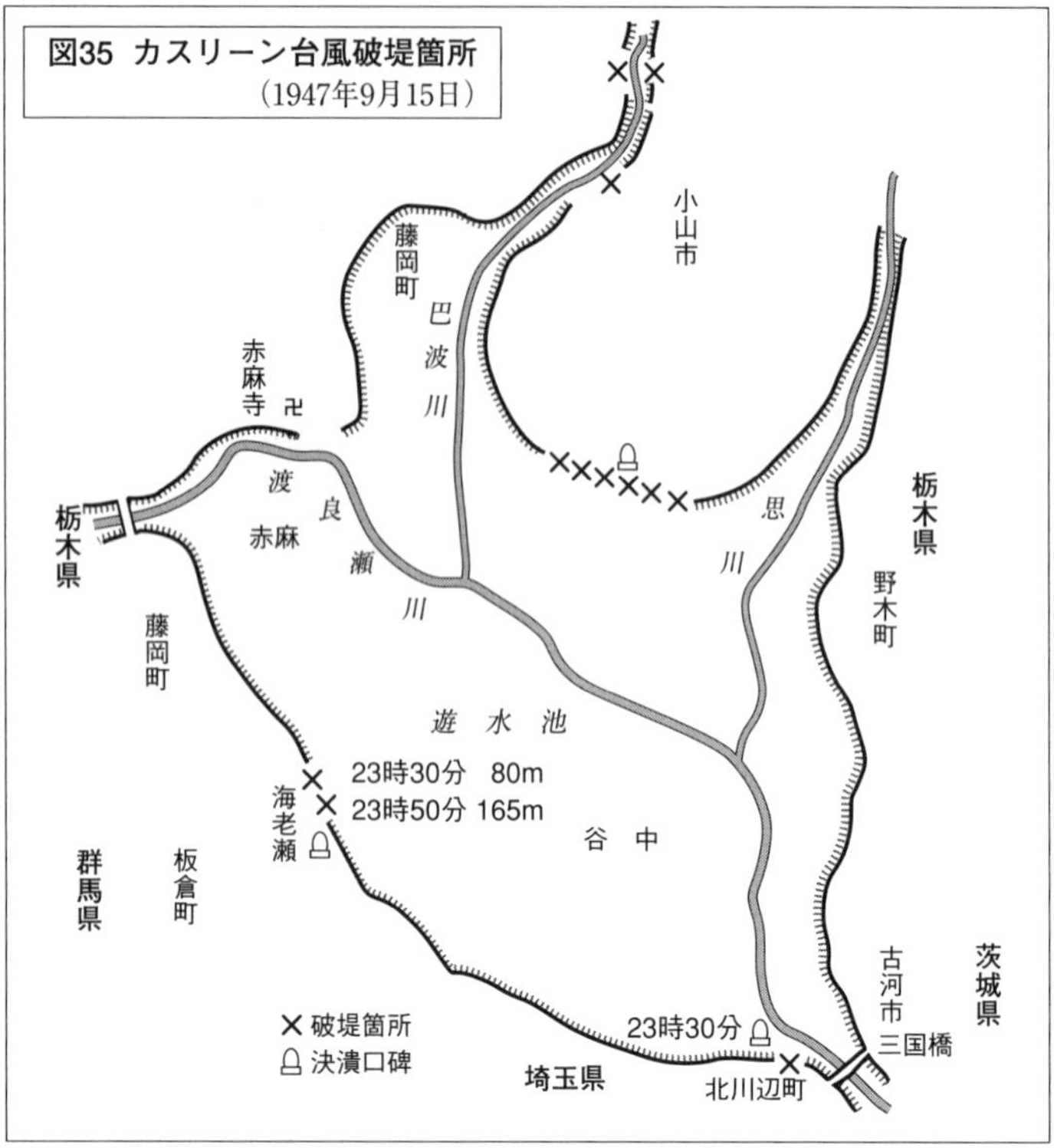

図35 カスリーン台風破堤箇所
（1947年9月15日）

とたたえた大工事が、幾年も経たずに、大惨害の元凶に化したのです。遊水池が造られなければ、大洪水にはなっても、大水害にはならなかったかもしれない。利根川を、江戸川・古利根川コースにもどす工事をしておけば、水害の様相も、もっと穏便にすんだかもしれない……。そんな想いが、碑文の筆を執る横田周平の脳裏を去来していたかもしれません。

ところで、「利根川を守り切れなかった」大工事の教訓が、その後の復旧工事に、果して活かされてきたでしょうか。

3　利根川治水のアキレス腱―利根川放水路

利根川治水大成碑によれば、一八七五年（明治八）から五八年の歳月を要して、一九三〇年（昭和五）五月一五日、竣工式典を挙げるに至った。その規模に於て、土工量に於て海内無比であった。これによって、

曩《サキ》ニ竣工セル渡良瀬川ノ改良工事ト相待ッテ関東沃野ノ大半ハ今後永ク潦浸《リョウシン》ヲ免カレ衆民其生ニ聊《ヤス》ンシ産業愈々《イヨイヨ》興ル可シ

とは真田秀吉の自負・自賛をこめた碑文の末です。ところが「今後永ク」は、五年にしかすぎなかったのです。そして設立された利根川治水専門委員会では、江戸川拡大方針案を含め検討の結果、利根川下流の布佐から東京湾へ、流量毎秒二五〇〇立方メートルの放水路を開削すると決定しました。一九三九年（昭和一四）のことで、以来七〇年近くなりますが、プランだけで工事はいまだに始まりません。

大熊孝は、この専門委員会の決定に、

幕末以来の宿願ともいうべき江戸川拡大方針は、利根川治水方針の再検討のこの好機において、再び工費巨額の理由をもって見捨てさられることになった。すでに鉱毒問題も一応の解決をみており、江戸川拡大方針をとりえなかった理由がどこにあったのか疑問のもたれるところである。(『利根川治水の変遷と水害』二二三頁)

と、「工費巨額」が、実は富永正義の試算では不当であり、むしろもっと少額ですむことなので「江戸川拡大方針が採用されて当然であったように思われる」とみています。

この江戸川拡大方針をすてたツケは、一九四七年(昭和二二)のカスリーン台風被害となりました。一九八〇年(昭和五五)の改訂計画では、毎秒三〇〇〇立方メートルになりますが、この時の大被害は、天災というより、人災と思われてくるのです。(図36)

利根川放水路は利根川東遷の帰結であることに変わりはないが、その利根川東遷は江戸幕府の責任ではなく、第三期改修工事に引き受けるべき多くの責任があるように思われる。(『利根川治水の変遷と水害』二四八頁)

このように、第三期工事と、それを踏襲して、現在に至っている利根川治水工事について、工

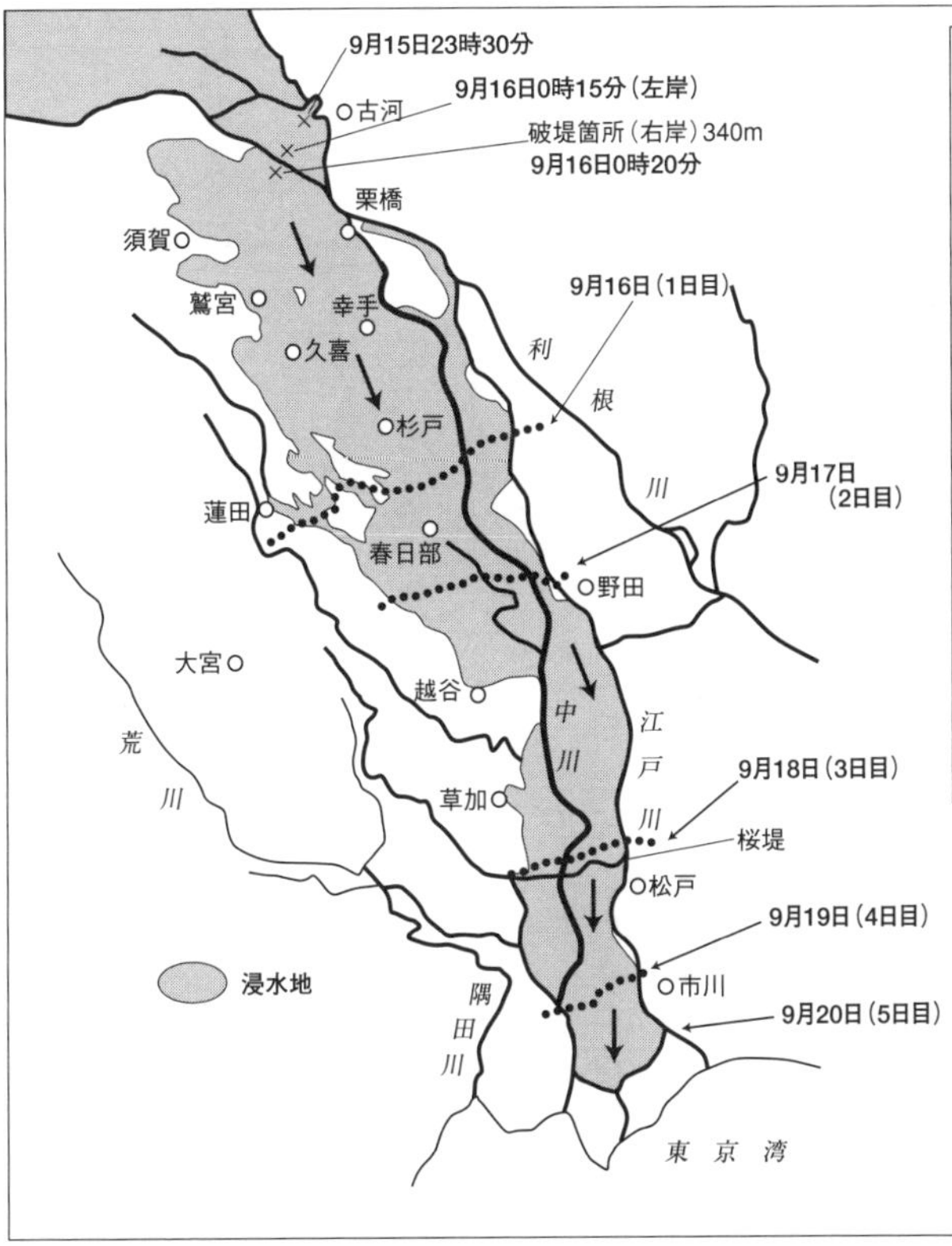

図36　カスリーン台風時新川通破堤による浸水図
（利根川上流工事事務所『利根川』参照）

事関係者の努力を「たしかに常習的水害は完全に克服され、毎秒一万立方メートル程度の洪水にはかなりの安全度を有しているといえる」と認めながら、

利根川下流における治水の眼目、利根川放水路は放置されたままである。寛保二年、明治四三年、昭和二二年などのような大洪水には、必ずしも安全な治水体系とはなっていない

のである。(『洪水と治水の河川史』一八〇頁)

と、「利根川治水の眼目」たる放水路が、未完成で放置されている限り、利根川沿いの住民は、台風時安眠はできないというのです。なぜならば、少々くどくなるようですが、

この計画の行く末が明確にならないかぎり、利根川治水は完結しない。利根川治水の理念は、中条堤上流の遊水地の放棄以来、いまだにさ迷い続けているのである。(『洪水と治水の河川史』一七六~八頁)

このような、「未完の利根川治水」とか、「さまよえる利根川治水」でよいものでしょうか。高橋裕も、

まったく手つかずになっているのが、利根川放水路である。この案はすでにのべたように、戦前の増補計画において立案され、工事をはじめたが、中断されていた。改修改訂計画においては、さらに大規模な放水路として立案されたが、なお未着手のままである。(『利根川物語』一〇五~六頁)

(1)　第35209号　下野新聞　1986年(昭和61年)8月6日(水曜日)　(日刊)

下野新聞

豪雨 県内で死者6人

不明も1人、79戸全半壊

茂木町1800戸が〝水没〟

茂木、益子に災害救助法

東日本で死者

大雨による県内の死者

ポケットベル

米害、3・8％下げめぐり空転

洪水による被害を伝える新聞

と見ています。

一九八六年（昭和六一）八月、台風一〇号による洪水で、小貝川は二か所破堤し、浸水家屋四四七九戸、四三〇〇ヘクタールが被害を受けました。これなども、放水路が未完成だったからではないのか、そう思わざるを得ません。にもかかわらず、「昭和六二年の段階においても着工される気配はない」（大熊孝『洪水と治水の河川史』一七六頁）のです。これで良いのでしょうか。

現状は、市街化されて、用地取得は困難であるため、実現は絶望視されています。ただ治水計画上の数字合せのために載せているにすぎないのでしょうか。

ところで、利根川治水の基本方針（と私は考える）古利根コースの整備を、鉱毒ゆえに棄て去り、事件後も東遷に固執してきた現況について、認めておきたい事実もありました。

決潰口碑に、「過去の改修大工事では、利根川を守り切れないことが明らかになった」と刻み、「もし、今、カスリーン台風級の台風が襲ったとしたら……当時とは比較にならないほどの被害をもたらします」（「利根川」利根川上流工事事務所）という工事担当者のことばに、おびえてきた私も、次の事を知って、少しは安堵しました。それはなにかというと、

平成一〇年（一九九八）九月、台風五号に伴って激しい豪雨に見舞われた。この時利根川は急激に増水して、ピークの流量は取手地点では第二次大戦後の最大、栗橋地点では昭和二二年（一九四七）のカスリーン台風時の水位に匹敵する状況となった。（『アーカイブス利根川』二四頁）

つまり、カスリーン台風時におとらぬ大増水になったというのです。けれども、破堤・大水害にならずにすんだのです。いや、努力して食い止めたのです。それは、

もちろん利根川の水位は現在の堤防を越えることもなく、この洪水は新聞にもテレビにも報道されなかった。（同前書二四～五頁）

図37 利根川の洪水に対する備え
（国土交通省関東地方整備局「利根川の治水と利水」より）

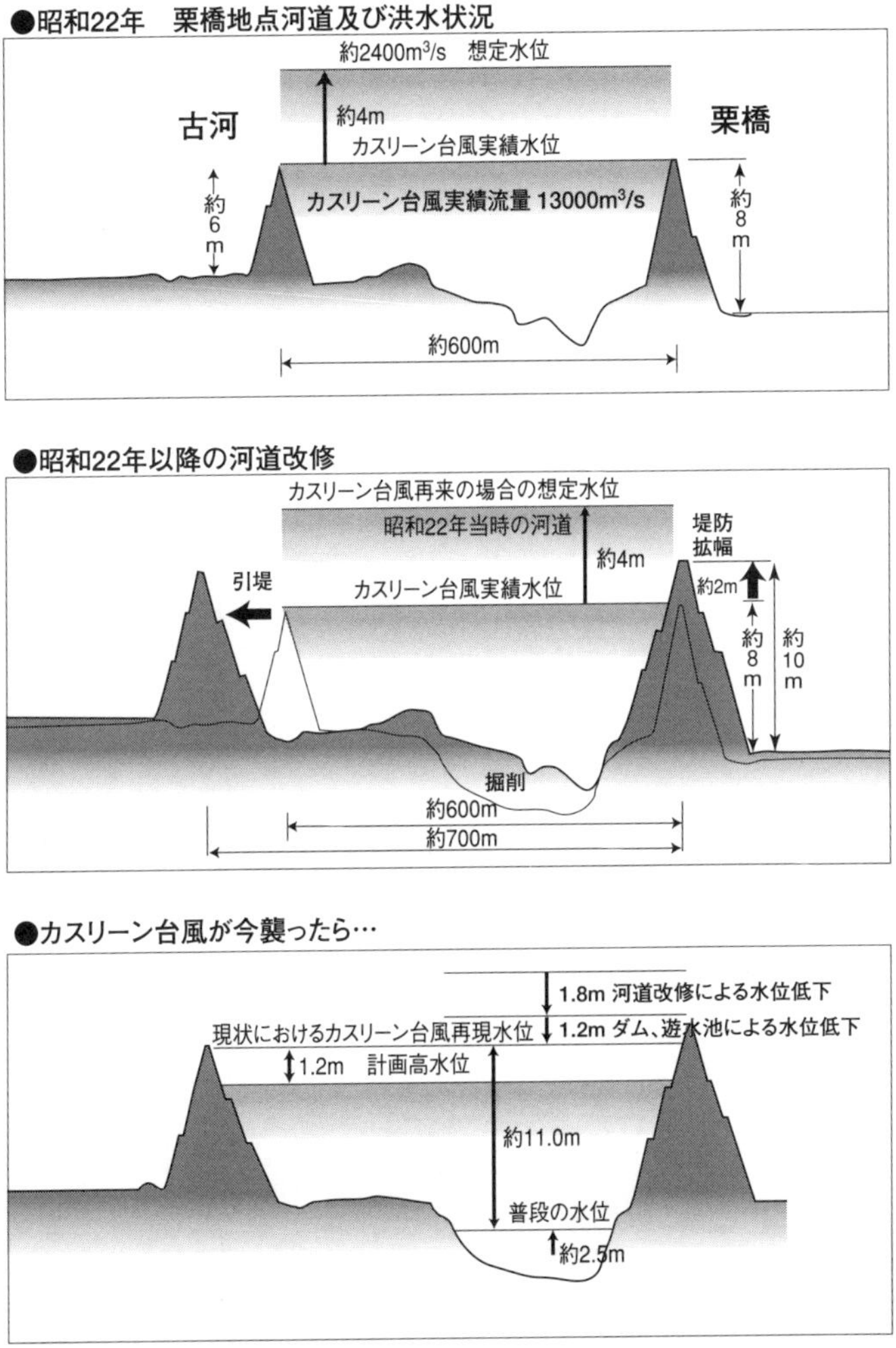

「現在の堤防」が、カスリーン台風時に比べて二メートルは高くなっていることと、「引提」によって河道が一〇〇メートルほど拡がったこと、河床が掘り下げられたことなど――つまり改修工事の成果といえましょう（図37）。さらに、それだけでなく、

しかしこの時、約三〇〇〇人の消防団・水防団の人達が出動して、七六カ所におよぶ堤防漏水カ所などに緊急の水防活動を施して、破堤に至るのを防いだ。（同前書二二五頁）

こういう懸命の奮闘があったからです。「堤防は越水しなくても破堤に至ることが多い」のです。それにしても、「カスリーン台風が再来したら絶望」とおびやかされてきた観念は、その後六〇年の努力の効果で、やや静められた感を持ったことでした。

4　田中正造の治水論にまなぶことは

吉田東伍の田中正造評。

一九一四年（大正三）五月、足利の教育会で「渡良瀬川の変遷」に関する講演の冒頭で、

此の川（渡良瀬）は昨年無くなりました田中正造翁の畢生《ひっせい》の気力を傾けつくして論争した

所の水である。足尾銅山の鉱毒事件、つづいては谷中の亡村、赤麻沼の遊水池問題、遂には利根の治水方策についても、彼翁は論じて居られました。いわゆる斃《たお》れて後に已むといふ諺《ことわざ》は明白にこの人に実現せられて居る。（『利根の変遷と江戸の歴史地理』一八〇頁）

その業績と生き方を賞揚して話を始めています。

しかし正造翁の事蹟もいかに後世に伝えられるか知らん。彼翁をば唯の狂人の如くに圧伏せんとする風潮もある位だから、その治水上の論策、済世の雄志も果して世に了解せられ後に伝へらるゝか知らん。（同前書一九八頁）

と、遺業を顕彰すべきことを、郷土人に諭《さと》して結びとしています。田中正造の真価を見抜いている吉田東伍も、また優れた人物でした。

この吉田東伍が評価した、正造の治水論は、一部をのべておきましたが、改めて取り上げて、利根川治水のあるべき姿をさぐる手掛かりとします。

まず、「治水論考」。（一九一一年二月・『全集』④一五～八頁）

〇抑々《そもそも》河川治水の本義は天然の地勢を順用するにあり。水勢の赴く所に任せて是れに干渉せ

ざるを本義とせり。（略）
○治水ハ流水の自然に順じて一切の人為的障碍を除去せバ、仮令《たとえ》大洪水襲来するとも、洪水ハ大なる氾濫を為さずして自然ニ海湾ニ駆除せらるべし。是れ洪水の大禍害を防ぐ一大順法也。
○人工を加へて、甚敷《はなはだしく》天理に背き、又或ハ新に河川の方位を変換し、若しくは河川を直通して、流域を短縮せんとするが如きは、皆治水の要を知らざるの致す所也。（略）
○抑水の性ハ天心なり。法律理窟を以て成就すべきものに非ず。（略）然るに今の治水は工費の多少を争ふに過ぎず。是れ実に水の心を知らざるの致す所也。治水ハすべからく自然ならざる可らず。治水は宜しく水の心を以て心とせざる可らず。水の心を以て心とせバ労せず費さずして治水の効を奏する事多くして反動氾濫の虞《おそれ》なかるべし。

このように論じて、次に利根川・荒川を旧流路に復すること、関宿を開放することを説いているのです。それはすでに出しているので略して、それから一年余すぎた、一九一二年「九月十日朝、古河町田中屋方ニて記」した利根川改修意見を、つなげてみます。

○利根川今の改修を以て安全の心なし。渡良せ川改修亦無用なり。浚渫を以てせバ可なり。妄りニ川巾を広くする必用なし。浚渫して従来の流水を妨ぐるものを除き得バ可なり。但し地勢ニよれる根本的治水、即ち本川を旧古の川線ニ回復するハ固より可なり。然れども今ニして之を為し能わざりとせバ、現在の河川を浚渫して少くも両岸の障害となりたる工事を悉く撤回して、現在の河川を回復せバ可なり。（『全集』⑬三二九～三〇頁）

そして、筆は関宿棒出しの、強烈な批難になります。当面の利根川治水策といえば、

右関宿及附近数ケ所の大小妨害を除き去り、江戸川一方ニ治水の心を注ぎ、同川の改修を寛全ニ致らしめバ、其他ハ敢て急ぐの必用なし。其他ハ地方々々の改修ニ委して可なり。（略）別ニ鉱毒流下の問題あれども、之れハ全く別箇の問題なり。治水の名を以て鉱毒を曖昧せんとす。之れ木ニより魚をもとむるなり。（『全集』⑬三三一頁）

このように、とにかく関宿の江戸川流頭部を拡げて、江戸川改修を完全にすれば、あとは各地方に委せてもよいというのです。江戸川の流路は、開削地域は別ですが、最も「流水の自然に順じて」いて「水勢の赴く所」で「河川治水の本義」に則しているからです。ところが、内務省の土木官僚は、民間の江戸川主流論を斥けて、銚子河口に利根本流を流し続ける無理をしました。鉱毒事件が、そして田中正造直訴があったがゆえである、と小出博は証明しました。その後、鉱毒事件はほぼ鎮静化したのですが、一度きめると、後継者たちは、先輩の

かけちがったボタンを修正することなく、カスリーン台風の惨事を十分活かそうとはしませんでした。横田周平が、「過去の改修大工事では利根川を守り切れなかった」悔恨は、決潰口碑に刻まれてはいても、工事関係者の脳裏には刻まれなかったのでしょうか。

ボタンのかけ違いから、工事費は膨大になりながら、大水害対策は未だしで、カスリーン台風なみの台風が来れば「一五兆円、二一〇万人の浸水区域」の損害になるでしょうと、利根川沿いの住民を、不安がらせるパンフを出しているのです。

高橋裕は『利根川物語』で、河川技術者に、次のように語りかけます。

川は自然が形づくったものであり、地形的にもっとも流れやすいように、その流路を自らさだめてきたのである。人間が川を利用する場合にも、たとえばダム地点、取水地点、放水路の位置などの選定にあたっても、川の

昭和22年洪水氾濫実績と現況氾濫計算　（利根川上流工事事務所『利根川』より）

洪　水	22年実績洪水	22年洪水（計算値）
破堤地形	134.4km（右岸）	134.4km（右岸）
地　形	S22年当時	現　況
氾濫面積	約440km²	約555km²
浸水域内人口	約60万人（S22年当時）	約210万人（H4年）推定
被害額	約70億円 （一般資産+農作物等）	約15兆（H4年）推定 （一般資産+農作物等）

流れ方、地形の特性から、もっとも適した位置というのは、ある程度さだまっており、それを見つけてすぐれた工事をおこなうことが、河川技術者の腕の発揮しどころといえる。

いかに建設技術が進歩しようが、自然の一部である川を、完全に人工化して、人間の思うがままにコントロールすることはできない。川という自然をよく理解し、その特性をつかんだうえで、それに適した技術を駆使してこそ、川と人間の調和を見いだすことができる。それが洪水から人びとを守り、川をうまく利用する第一歩である。(二二六〜七頁)

この考え方は、まさに田中正造の治水論の現代版だと、読みながら思いました。河川技術者は、これを肝に銘じて、実現に努めてほしいものです。もっとも、現実は複雑ですから、理想とするプランも、多くは政治的あるいは経済的、地域エゴ的な勢力によって、曲げられたり、押し流されたりすることが多いのかもしれません。それらの「難関」を突破するのにも、田中正造的な取り組みが必要とされるのです。

5　利根川の明日への提言

ひとが、関東の平地に住むようになり、舟を使って、汎利根川と霞ガ浦方面とを、関宿の水路を通り往来するようになりました。以来、人工が加わるようになって、上利根川の分流が、逆川経由常陸川、そして銚子、太平洋へと「東流」するようになりました。

天明の浅間山大噴火以後、赤堀川が拡げられると、利根川の呼称も常陸川筋に遷り、坂東太郎とも言われるほどになったのです。

明治になると、輸送の主力は鉄道になり、水運はたちまち衰退の一途をたどりました。河川工事は、低水から高水対策に替り、治水事業が中心になります。事業担当者の視点も治水に限定されます。近世までの河川工事、つまり「利水が常に先行し、治水はこれを追って進む」のが、河川社会史の一般的な形だとする、小出博の説とは異なる認識で、河川改修をすすめるようになったのです。

たとえば内務省東京土木出張所編『渡良瀬川改修工事概要』のはじめに、

徳川氏江戸開幕以来治世ノ要諦ハ治水ニアリトシ、之レガ計ヲ樹テ幾多ノ変遷調整ヲ加ヘ（略）三百年来治水ニ盡瘁《ジンスイ》セルモノ多シト雖モ、ソノ効果未ダ完カラズ。明治聖代ニ至リ、益々治水ノ法ヲ講ジタルモ、未ダ此惨害ヲ脱レザルモノアリ。

とあります。近世近代の為政者は、一貫して治水に努めてきたが、まだ足りないとしているのです。それに加えて、封建社会の軍事的要求なる発想で、利根川・渡良瀬川の東遷工事を解釈したりしてきました。

図38 流量配分図〈単位m^3/s〉

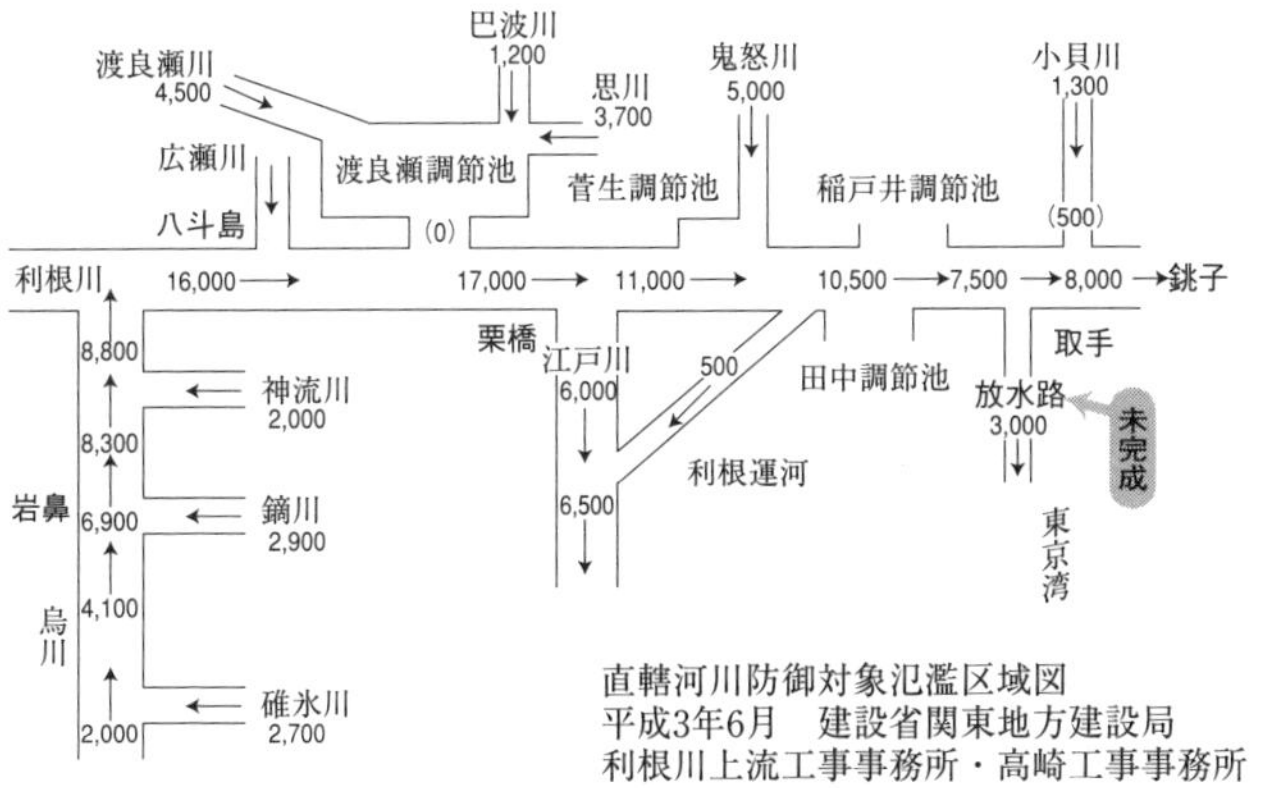

直轄河川防御対象氾濫区域図
平成3年6月　建設省関東地方建設局
利根川上流工事事務所・高崎工事事務所

田中正造は、この枠にはまりながらも、独特の治水論と治水工事を創出しています。吉田東伍や、幾人もの江戸川主流論、古利根再興論、利根川南遷論は、いずれも同じ構想です。利根川治水の要諦は、これ以外にはあり得ないのです。この事を、大熊孝にも聴きながら、提言します。

その一、利根川放水路計画の放棄

半世紀以上、未着工で、単に計画上の数字合せに役立つだけの、むしろ現実の工事には障害になっていて、「さまよえる」「まぼろしの」などと評され、棚ざらしのままの利根川放水路案は、はっきり中止することです。(図38)

その二、江戸川の拡幅

放水路毎秒三〇〇〇立方メートル分を、まず、江戸川を拡げて、毎秒二〇〇〇立方メートルは処理する。大熊孝は、野田より下流は河積にそれだけの余裕があり、上流部を拡幅し、利根運河を改良・利用すれば、可能であるとみています。また、それが利根川東遷工事者の、最低の償いだと言います。横田周平利根川上流工事事務所長が「利根川を守り切れな」かったと反省した「過去の大工事」の誤りを、できるだけ修正することなのです。

その三、汎利根川河道のリニューアル

残る毎秒一〇〇〇立方メートルをどうするか。大熊孝は、計画を上回るような洪水＝超過洪水の対策として、河川審議会が一九八七年（昭和六二）に答申した「超過洪水対策及びその推進方策」を評価し、次のように言います。

基本的な考え方においては、三百年前の思想の再現である。超過洪水対策（略）が、現実に利根川に適用されれば、さ迷い続けた利根川治水が完結することになる。それは、規模こそ異なれ、計画を超える洪水を溢れさせるという意味において、伊奈の治水体系の再生にほかならない。（『洪水と治水の河川史』二四七頁）

超過洪水は、静かに越流氾濫させるという前近代的手法を、大熊孝は「このような氾濫受容型の治水策は、江戸時代には各地でとられていた方法であり、災害をもたらす川との矛盾の中に編み出された高度な文化といえるのである」（『二一世紀の河川思想』一〇六頁）と容認しています。これは氾濫を絶対的に拒否してきている近代治水に、すっかり慣れきっている私たちの感覚には、なじみ難いものです。また、生活全体が洪水に対する抵抗力をなくしている現在では、おいそれと推奨するわけにもいきません。

現に、超過洪水対策の具体例として、部分的に実施されているのが、高規格堤防（スーパー堤防）です。天端《てんば》幅が一〇〇メートル以上と広く、溢流しても破堤しない、丘の連続したような、大土量で築かれています。問題は、膨大な土量を必要とし、環境破壊のおそれがあり、予算面からも、利根川本支流沿いに、丘を築き立てることは、一〇〇年築堤を待っても不可能に思われます。

そこで、かつての利根川河道を整備して、利根川放水路分の流量を、できるだけ江戸川増量分と分担して、超過洪水量を減らすこと——つまりリニューアルというわけです。旧河道の多くは、現況をみると、用水として細々と流れています。（図39）

なかには武蔵水路のように、江戸川以外の水路で、利根川の水を南流させているものがあります。高橋裕は、

水道の水として、利根川の水は武蔵水路経由で常時東京へもどったといえよう。

その武蔵水路の入口である利根大堰は、江戸時代中期に完成した、見沼代用水の取水地点

図39 見沼・葛西用水系統図
（『利根川の水利』）

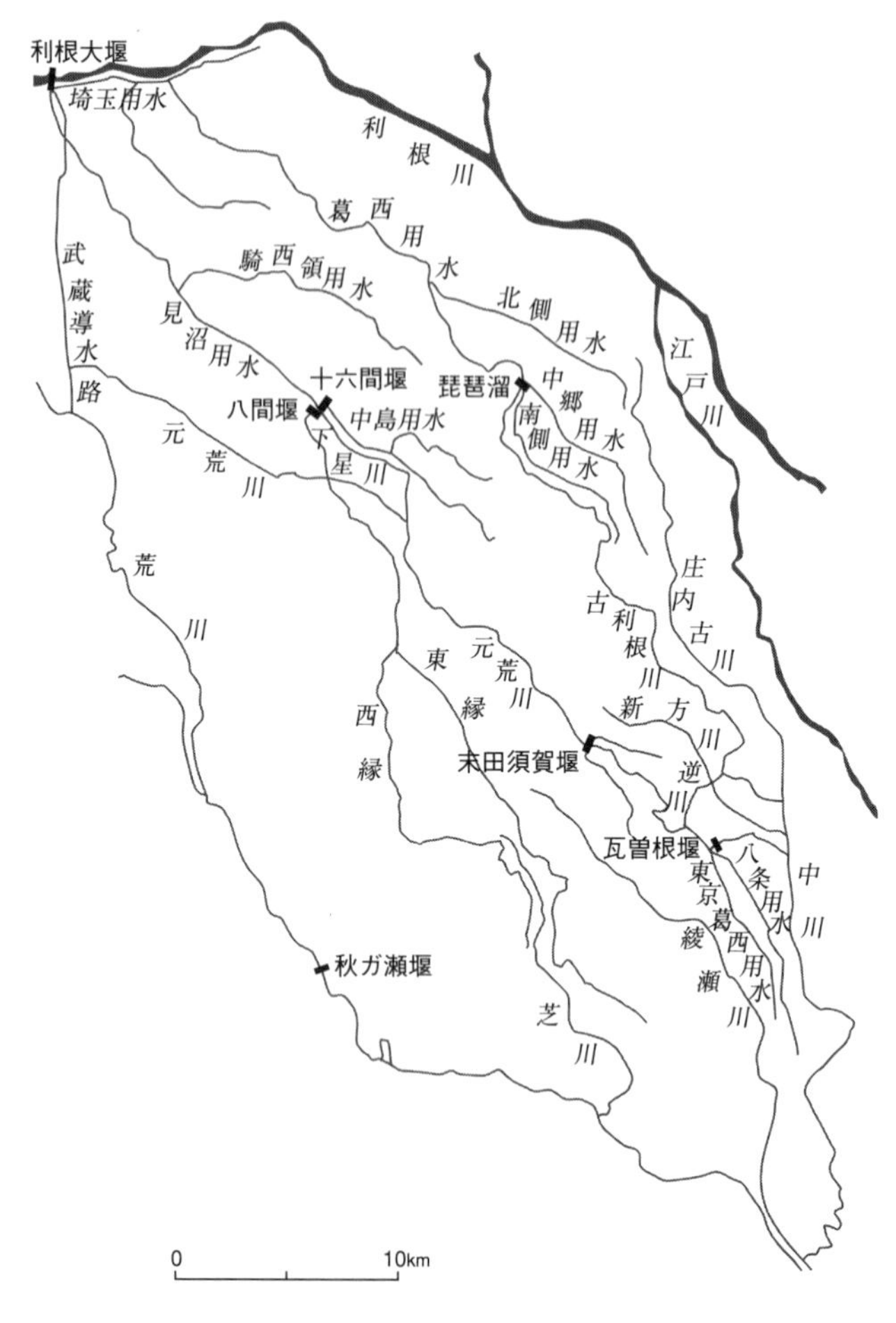

にあたる。（『利根川物語』二二六頁）

とみています。この水路は利根川の水を、毎秒一三六立方メートル取水し、一部群馬県側に送り、大部分は荒川・見沼代用水・羽生領用水・葛西用水・稲子用水・古利根用水に送っています利根川が埼玉平野を南流していたコースは、葛和田から星川、会の川、浅間川、権現堂川とありました。それらに、利根大堰に準じて、超過洪水時に使える水門を設備し、水路も極力拡幅しておけば、計算上も利根排水路分は辻妻が合うようになるのではないでしょうか。

そして、超過洪水時の溢流処理にも役立つと思います。

その四、水害防備林の造成

大熊孝の言を引用します。

現代は、江戸時代と違ってすでに大きな堤防が造られているので、それをつつみ込むように水害防備林が造成されれば、治水は完結するにちがいない。（略）

近年、近自然河川工法や多自然型河川工法が取りざたされているが、水害防備林は川の自然性を高め、山と海を結ぶビオトープの回廊となり、景観を良くするものであり、これこそ究極の近自然河川工法でないかと考えている。（『二一世紀の河川思想』一一〇〜一頁）

たしかに、渡良瀬遊水池をめぐる堤防を、緑の林が包み、延々と続いたら、それは想像するだけでも楽しく、心が豊かになります。

その五、連続地中壁の採用

超過洪水を溢流させるとき、最も恐ろしいのは破堤です。溢流から決潰に至れば、必ず死者を出す惨事になります。スーパー堤防以外はどうしたら良いか。良い工法が開発されています。それが「連続地中壁」です。二〇〇二年（平成一四）、佐野市の田中正造生誕地で、田中正造大学が主催した、大熊孝講座のなかで知り、「これ、あるかな」と思いました。要は、堤防の芯に、厚いコンクリート壁を造ることです。そうすれば、短時間の洪水による溢流に、堤防が崩壊するのは防げます。そして、「スーパー堤防」とは比較にならない、少ない経費と時間でできるのです。この連続地中壁で、沿川住民は安眠できるようになります。

その六、地下放水路

これは、その三と連動した工事となるでしょうが、現在埼玉県で進行している「首都圏外郭放水路事業」が、それにあたるかもしれません。「この事業は、中川、綾瀬川流域の中流部における治水対策として、中川と倉松川と大落古利根川の各河川と江戸川を地下放水路で結び、洪水時

にこれらの河川の水を江戸川に排水するものである」（『アーカイブス利根川』一八一～二頁）

以上、思いつくことを並べてみました。私は、一九七八年（昭和五三）に、

渡良瀬川では毎年2月下旬にサケの放流が実施される

江戸時代以前に乱流していた利根の旧流路を整備して、ふだんは利水に、洪水時には放水路にすることが、もっとも合理的なのです。この方が谷中村の跡地に、一千億円をなげ込むより、首都圏にとって、はるかに活きた使い方だと思われます。これこそが、谷中も東京も再生する方途であり、日本国民の生活を「亡国」

対岸に足尾製錬所を見ながら植樹するボランティア

から救う道でもあります。（「渡良瀬川改修工事と鉱毒事件」『田中正造と足尾鉱毒事件研究』第一号三四頁）

と言いました。いまも基本的には変わりませんが、各種工事の際、環境の保護・恢復が目指されなければなりません。田中正造は、

○真の文明ハ山を荒さず、川を荒さず、村を破らず、人を殺さゞるべし。

と言いました。そして、

○古来の文明を野蛮ニ回らす。今文明ハ虚偽虚飾なり、私欲露骨的強盗なり。

と喝破しました。（一九一二年〈明治四五〉

六月一七日・『全集』⑬二六〇頁)

この、田中正造没後七〇年を期に、私たちは、かつて絶滅したサケをよびもどすべく、渡良瀬川にサケの放流を始めました。スローガンは「足尾に緑を！　渡良瀬に清流を！」です。そして今、劣悪な魚道にもめげず、サケは溯上し、産卵するようになりつつあります。

そしてまた、すでに鉱業は停止され、閉山になった足尾の荒廃した山々に、緑をよみがえらせる運動もさかんになってきました。赤麻沼の復活（一部）ものぞまれます。

二〇一三年は、正造没後一〇〇年になります。それまでに何ができるだろうか。いつになることかわかりませんが、清流の渡良瀬に、舟のうかぶ日を想いうかべています。

田中正造と利根川・渡良瀬川関連年表

西暦	元号	月日	事項
縄文早期			温暖化による縄文海進関宿水路。
九三九	天慶 二		平将門が、下総、上野国府を攻め国司を追放、自ら新皇と称する。
一二三二	貞永 元		武蔵国柿沼堤大破により修固せしむべきを由（吾妻鑑）。
一三五二	文和 元		香取文書に猿俣関（利根川）の名称がある。
一三七二	応安 五		香取文書に戸崎関、大堺関（利根川）、行徳関、長島関（太日川）の名称がある。
一三八七	至徳 四		香取文書に鶴ケ曽根関、彦根関（利根川）の名称がある。
一四五四	享徳 三		鎌倉公方足利成氏、関東管領上杉憲忠殺害（享徳の乱おこる）。
一四五五	康正 元		足利成氏、古河城に移る。重臣簗田成助、関宿城に拠る。
一四五七	長禄 元		太田道灌、江戸城を築き、道灌堤を作り葛和田から星川・綾瀬川流路を利根幹川とし江戸湾に導入する。
一四八二	文明一四		前将軍義政と古河公方成氏和睦（享徳の乱おわる）。
一四八六	文明一八		太田道灌、主君上杉定正に謀殺さる。
一五二二	大永 二		新田用水に御書（古河公方足利高基）。
一五三二～五四	天文年間		利根川（群馬県）に桃木用水を開削する。
一五三二～五五			休泊堀（渡良瀬川）を開削する。
一五六二	永禄 五		渡良瀬川洪水。

一五六五	永禄八		渡良瀬川の洪水で古河城浸水。この頃、長尾氏渡良瀬川改修工事。
一五七四	天正二		関宿城を簗田氏は後北条氏に明け渡す（第三次関宿合戦）。
一五七六	天正四		権現堂堤築造（杉戸川締切り、利根川東流第一号工事）。
一五九〇	天正一八		家康江戸入り。沿海運河小名木川・新川の線の確定、行徳—江戸間開通。道三堀工事着工。榊原康政館林城主となる。
一五九二	天正二〇（文禄元）		松平家忠、忍（行田）より舟で関宿経由上代（神代）に移る。
一五九三	文禄二		松平定忠、下総小見川—江戸間を米の舟送、以後続く（「内川廻し」航路の原型の一つ）。蛇田堤・利根川締切。
一五九四	文禄三		伊奈備前守監督のもとで、忍城主松平忠吉の臣、小笠原三郎右衛門によって利根川・会の川締切（利根川東流第二号工事）。
一五九五	文禄四		榊原康政による利根川左岸・渡良瀬川右岸築堤。
一六〇六	慶長一一		第一次天下普請発令。石船建造—菱垣廻船の原型成立［三四家］。
一六〇七	慶長一二		上州中瀬より江戸城修築の栗石を利根川で輸送。
一六〇九	慶長一四	4	幕府は譜大名に命じて下総銚子湊の築港を助けさせる。「上杉年譜」には、三人の奉行に数千の人夫をつけて、四月下旬から十月下旬まで参加させたことが記されている。
一六一三	慶長一八		第二次天下普請発令（江戸）。
一六一七	元和三		家康、日光に東照社として祀られる。その造営のため「内川廻し」の原型成立［一二家］。

一六二〇	元和　六	第三次天下普請で江戸城本丸・北丸工事［一〇家］。菱垣廻船組織成立。
一六二一	元和　七	赤堀・新川通の開削［一〇家？　川幅七間］。浅間川高柳・間口地点締切。八甫権現堂川道三淵締切。
一六二四	元和一〇（寛永　元）	利根川洪水で、本川俣の利根川堤防破堤する。烏川変流、利根川合流点が島村から八町河原に変わる。佐野川直流工事（只木—底谷）西岡・除川および海老瀬開削。猿田河岸開設（渡良瀬川）。
一六二八	寛永　五	第四次天下普請、江戸城本丸・西丸・外郭工事（寛永七年まで続く）。
一六二九	寛永　六	常陸川・鬼怒川直結工事（細代—大木—三ツ堀間開削）。荒川を入間川へ瀬替え。このころ浅間川高柳地点締切り。
一六三〇	寛永　七	小貝川の瀬替え（牛久沼南方）。
一六三三	寛永一〇	第一次江戸川開削天下普請［一〇家］。赤堀増削（一〇間幅になる）
一六三五	寛永一二	第二次江戸川開削天下普請。このころ権現堂川・逆川増削（利根川東流拡大）。
一六四一	寛永一八	江戸川創設完成（旧渡良瀬・太日両川の江戸川化および旧利根川の古利根川化）。庄内古川締切り。
一六五四	承応　三	赤堀の河底を削る［一家、三間を掘る。幅一〇間のままなので、東

		遷とはいえない」。
一六五五	明暦　元	越名河岸工事（秋山川付替え）。
一六六四	寛文　四	矢場川付替え。
一六六五	寛文　五	逆川付替え［一家、関宿城内から本丸西側へ。広サ一三〇間・深三間］。
一六九七	元禄一〇	赤堀川幅二七間あり。
一七〇五	宝永　二	新川通拡幅。
一七一〇	宝永　七	蓮花川新堀（五丈三尺）開削。
一七二八	宝永一三	江戸川の金杉—深井新田間改修［一〇家］。
一七三二	宝永一七	渡良瀬川川普請（二本松藩など）。
一七四一	寛保　元	「霞が浦四十八津掟書」追加（土浦藩）。
一七四二	寛保　二	「戊年の荒れ」関東諸川大洪水。被災の河川修理命令が主に中国・九州大名にだされる。関東の米八〇万石減収、溺死者四〇〇〇人。関宿の関所はすべて流され、関宿城も大破。
一七五一	宝暦　元	このころ「宝暦調査」。
一七六七	宝暦　四	関東諸河川修理（仙台藩）。
一七七七	安永　六	渡良瀬川洪水（西谷田村離、大日脇破堤）。
一七八〇	安永　九 6	渡良瀬川洪水（西谷田村離、大日脇破堤）。
一七八一	安永一〇 （天明　元）	渡良瀬川洪水（西谷田村離、西岡破堤）。 関東諸河川修理（主に中国・四国・九州大名）［十数家］。

一七八三	天明　三		浅間山大爆発。死者二万人。このため利根川の河床が上昇し、洪水が起こりやすくなった。
一七八六	天明　六	6〜7	利根川大洪水（江戸時代最大規模）。
		9	利根川修理命令（新発田・岡山・三田・鳥取藩など）。
一七九二	寛政　四		権現堂川に杭出し設置。
一八〇九	文化　六		赤堀川増削、川幅を四十間にする。火山灰処理（関宿藩）。
一八一三	文化一〇		関東諸河川普請（鳥取藩）。
			幕府、下利根川流路維持取締を発令。これにより南澪の川幅六〇間、中澪一二〇間、北澪一五間と規定し、その河川敷の蒲や葦は年三回刈りとり、流水の疎通を図ることを命じた。
一八二二	文政　五		江戸川に棒出し設置。
一八三八	天保　九		浅間川呑口締切り、合の川呑口締切り。
一八四〇	天保一一		洪水により上利根川（前小屋・川辺村本郷）、渡良瀬川（西谷田村西岡・仲伊谷田、砂山）下利根川各所で破堤。
			山口玄亭、古利根川再興論を幕府に上申。
一八四一	天保一二	11・3	田中正造、下野国安蘇郡小中村（現在佐野市小中）に生れる。父富造母サキの長男、幼名兼三郎。
一八七二	明治　五		オランダ人お雇い技師ファンドールンとリンドウ来日。四月から利根川の調査計画に当たる。
一八七五	明治　八	6	内務省土木寮「利根川出張所」を関宿向河岸に設置される。江戸川

			流頭の棒出しを石張りに改築。
一八九〇	明治二三	2・25	利根運河通水。竣工式には山県首相や千葉、茨城、東京の各知事が出席（一般通航三月二五日より）。
		7・1	田中正造、衆議院議員当選。
		8	利根川洪水で妻沼、男沼、長井村地先破堤。権現堂川洪水で北葛飾郡行幸村、清久島、木下町破堤。逆川堤防破堤。渡良瀬川洪水で西谷田村除川など破堤。鉱毒による農作物の被害激化する（いわゆる鉱毒事件のはじまり）。
一八九一	明治二四	12・18	正造、第二回帝国議会で、足尾鉱毒問題について政府に質問。
一八九六	明治二九	9	渡良瀬川洪水。鉱毒水大氾濫、被害地区域一府五県一市二〇郡二区二五一カ町村。
			江戸川流頭棒出しを岩船角石で強化。この時の洪水で利根川と鬼怒川の合流点の河底が上り運河の水流が逆（利根川から江戸川へ）になった。河川法制定。
		10・4	雲竜寺に栃木群馬両県鉱毒仮事務所を設立。
		11	栃木群馬両県三郡九町村鉱毒被害民、足尾銅山鉱業停止請願書を農商務大臣に提出。
一八九七	明治三〇	3	鉱毒被害民第一回大挙請願・第二回大挙請願出京。農商務大臣榎本武揚辞任、政府は足尾銅山鉱毒事件調査委員会を設置する。
		5・27	東京鉱山監督署長、足尾銅山に対して鉱毒除防工事命令。

一八九八	明治三一	6	利根川、渡良瀬川洪水。
		8	常磐線開通（田端～岩沼）。
			江戸川流頭の棒出しをセメントで改築し、川幅を九間にまで狭めた。
一八九九	明治三二	9・28	被害民第三回大挙請願。田中正造説得、代表出京（保木間の誓い）。
			明治八年施行開始の利根川低水工事を終了する。
			根岸門蔵ほか一府五県の四八一五名が連署によって帝国議会内で内務大臣に「利根川浚渫工事施行に付請願」を提出。
一九〇〇	明治三三		利根川第一期改修工事を開始する。この工事で江戸川への流入量を毎秒九七〇トンに制限した。
		2・13	川俣事件起こる（第四回大挙請願弾圧される。六八名検挙うち五一名起訴、罪名兇徒聚衆罪）。
一九〇一	明治三四	12・10	田中正造、足尾鉱毒事件で天皇に直訴。
		12・27	都下学生の大挙鉱毒被害地視察。その前後大道演説盛行。
一九〇二	明治三五	3・17	内閣に鉱毒調査委員会設置。
		6・16～7・26	田中正造、官吏侮辱事件で入獄。獄中で新約聖書を通読、非戦論。
		9	利根川洪水。渡良瀬川の氾濫（足尾台風）。
		10	埼玉県利島・川辺二村は田中正造の指導により遊水池化反対村民大会で、納税徴兵拒否決議、勝利する。
		12・25	川俣事件裁判消滅。
一九〇四	明治三七	2・10	日露戦争はじまる。

		7・30	田中正造、谷中村に入る。
		12・10	堤防修築費の名目をもって、谷中村買収案栃木県会を通過。
一九〇六	明治三九	1・7	第一次西園寺内閣成立、古河鉱業副社長原敬、内相に就任。
		4・22	田中正造、新紀元社例会において演説、谷中村の危機を訴える。
		7・1	栃木県は谷中村会の決議を無視して谷中村を藤岡町に併合。
一九〇七	明治四〇	6・29～7・5	旧谷中村堤内居住の一六戸に対し家屋の強制破壊が行われた。
		8	洪水により利根川筋の仁手村、新戒村、男沼村、中条堤、利島、麦倉で破堤。渡良瀬川筋の川辺、古河破堤。江戸川の東宝珠花地先破堤。下利根川長竿村、小貝川北文間村豊田破堤。霞ケ浦氾濫。利根川第二期改修工事を着工する（佐原―取手）。
一九〇九	明治四二	3・23	田中正造起草の「破憲破道に関する質問書」を島田三郎、花井卓蔵、大竹貫一、卜部喜太郎四代議士の名義で衆議院に提出。
			利根川第三期改修工事を着工する（取手～群馬県佐波郡芝根村）。
			渡良瀬川改修案、関係四県の臨時県会に諮問。
		9・10	群馬県会、右改修案を可決。
		9・23	栃木県第一〇回臨時県会開会。二七日、右改修案を可決して閉会。
		9・25	茨城県会、右改修案を否決。
		10・3	埼玉県会、右改修案を否決。
		11・28	茨城県会、再付議の右改修案可決。
一九一〇	明治四三	2・9	埼玉県会、渡良瀬川改修工事諮問案可決。

一九一〇	明治四三	8	台風による未曾有の大洪水で上利根川、渡良瀬川、中利根川、小貝川、下利根川、横利根川の各地で破堤。横利根川笄島地先十六島は軒端まで浸水。印旛沼増水で湖岸周辺に氾濫。この洪水のため、利根川改修工事を施行中に計画変更。渡良瀬川の改修工事着工。
		9・4	田中正造、谷中残留民とともに関宿・境町付近の被害地視察。
		9・6〜21	利根・渡良瀬・江戸川沿岸被害視察。
一九一一	明治四四		正造「治水論考」。
一九一三	大正　二	4・13	正造、赤麻村の下都賀南部危急存亡問題政談大演説会において演説。
		5・8	正造、谷中青年と渡良瀬川上流高津戸橋視察。
		5・9・25	正造、単独にて足利・安蘇・下都賀三郡の水源を調査。
		8・2	正造、佐野から谷中への帰途、栃木県足利郡吾妻村大字下羽田字小羽田、庭田清四郎方において臥床。
		9・4	正造、午後零時五〇分、同所において胃癌のため歿。
一九一八	大正　七		渡良瀬川の付け替え工事完了。
一九二二	大正一一		遊水池化の工事（道路の整理、築堤）が完了。
一九二七	昭和　二		関宿水閘門ができ、江戸川が利根川から直接分流。
一九二九	昭和　四		渡良瀬川で鉱毒流下によって多量の魚類が浮き上る。
			商工大臣に「鉱毒流下防止に関する陳情書」を提出。
一九三〇	昭和　五		利根川第二期、第三期改修工事竣工。利根川東遷完結。
一九三五	昭和一〇	9	利根川大洪水。死者二五〇人、被害額四四〇〇万円。この洪水で関

			宿と横利根の閘門扉上まで水がきた。
一九三八	昭和一三		利根川下流、印旛沼、小貝川など大洪水。霞ケ浦の増水で土浦は一カ月浸水。この洪水で死者一五一人。
一九三九	昭和一四		利根川増補工事着工（昭和一〇年、一三年の洪水で新たな治水計画の必要にせまられたため）。
一九四七	昭和二二	9	カスリーン台風により利根川大洪水。赤城山を中心とする山地で土石流。ほかに本、支流の堤防や河川構造物に被害大、死者一二四七人。この時、氾濫流が都内にまでおしよせてきた。 赤麻沼がほぼ完全に土砂で埋まる。
一九四八	昭和二三		アイオン台風により利根川大洪水。
一九四九	昭和二四		利根水系の砂防、赤城山を中心に着工。 キティ台風による洪水で利根川、江戸川各地で被害大。
一九五八	昭和三三	5	源五郎沢堆積場決壊、田植前の水田六〇〇〇ヘクタールが鉱毒被害。 鉱毒根絶期成同盟会結成される。
一九六二	昭和三七		渡良瀬遊水池、洪水調整池（第一、第二、第三調節池）の工事開始。 このころ遊水池に米軍演習場移転の動きがあり、大反対の行動によって阻止する。
一九六四	昭和三九	7〜8	東京地方渇水（オリンピック渇水）。深刻な水不足で第四次給水制限まで実施される。一七区部で一五時間断水。 利根導水路事業着工（一九六八年竣工）。

一九七二	昭和四七		利根運河は新しく「野田導水路」とよばれ工事がはじまった。これは利根川と運河をふさいでいた堤防をとりはずし、水門をとりつける工事。これによって洪水のときあふれた利根川の水をすみやかに江戸川に流すことができる。
			谷中村遺跡を守る会発足。役場・雷電神社・延命院・共同墓地の保存を工事関係者に要請。
		3	毛里田同盟会（第二代会長板橋明治）政府の中央公害審査会（のちに公害等調整委員会に改組）に、過去二〇年間（一九五二―七一）の農作物被害にかんして、第一次提訴分四億七〇〇〇万円の損害賠償を求める調停を申請、最終的な調停申請は九七三人分で約三九億円。
一九七四	昭和四九	5	第一二回調停で農作物減収補償調停成立・調印。損害賠償額一五億五〇〇〇万円。
一九八〇	昭和五五		このころ渡良瀬遊水池に国際空港誘致の動きが高まり、強い反対がおこり立消えとなる。
一九九〇	平成　二		第二貯水池の建設計画が浮上。第一貯水池からの放流による水道水のカビ臭事件が江戸川流域で発生。
二〇〇二	平成一四	1・22	「渡良瀬遊水地自然保全・利用連絡会」（ヨシ環境部会、ゴミ対策部会、環境学習部会とも）を設置。
		4	ヨシ原浄化池（東ブロック）の運転が始まる。
		8・28	国土交通省が第二貯水池建設計画の中止を決定。

参考文献

『田中正造全集』　田中正造全集編纂委員会　一九八〇　岩波書店
『日本の河川研究』　小出博　一九七二　東京大学出版会
『利根川と淀川』　小出博　一九七五　中公新書
『利根川治水の変遷と水害』　大熊孝　一九八一　東京大学出版会
『洪水と治水の河川史』　大熊孝　一九八八　平凡社
『アーカイブス利根川』　アーカイブス利根川編集委員会　二〇〇一　信山社出版
『利根川』　飯島博　一九五八　三一書房
『続利根川』　飯島博　一九五九　三一書房
『利根川百年史』　利根川百年史編集委員会　一九八七　建設省関東地方建設局
『江戸の川・東京の川』　鈴木理生　一九八九　井上書院
『江戸はこうして造られた』　鈴木理生　二〇〇〇　ちくま学芸文庫
『家康はなぜ江戸を選んだか』　岡野友彦　一九九九、九　教育出版
『河岸に生きる人びと』　川名登　一九八二　平凡社
『利根の変遷と江戸の歴史地理』　吉田東伍　一九二三　冨山房〈一九七四　崙書房（復刻）〉
『利根川』　本間清利　一九七八　埼玉新聞社
『川の変遷と村―利根川の歴史』　玉城哲　一九八四　論創社
『利根川―その治水と利水』　佐藤俊郎　一九八二　論創社
『利根川の水利』　新沢嘉芽統・岡本雅美　一九八五　岩波書店
『関東河川水運史の研究』　丹治健蔵　一九八四　法政大学出版局
『利根川物語』　高橋裕　一九八三　筑摩書房
『明日の利根川』　山崎不二夫編　一九八六　農山漁村文化協会

『利根川治水考』　根岸門蔵　一九〇八
『栃木の水路』　栃木県文化協会　一九七九　栃木県文化協会
『渡良瀬川の水運』　広瀬武　一九九五　随想舎
『内陸水路の歴史地理学的研究』　奥田久　一九七七　大明堂
『田中正造翁余録』　島田宗三　一九七二　三一書房
『利根川民権紀行』　石川猶興　一九七二　新人物往来社
『変貌する利根川』　鈴木久仁直　一九八九　崙書房
『二一世紀の河川思想』　天野礼子編　一九九七　共同通信社
『田中正造と足尾鉱毒事件研究第一号』　渡良瀬川研究会　一九七八　伝統と現代社
『足利氏の世界』　柳田貞夫　一九八〇
『中世房総の政治と文化』　小笠原長和　一九八五　吉川弘文館
『中世東国の支配構造』　佐藤博信　一九八九　思文閣出版
『鷲宮町史』通史上巻　峰岸純夫編　一九八六　鷲宮役場
『荒野の回廊』　高崎哲郎　二〇〇二　鹿島出版会

「中世前期の水上交通について」　網野善彦　『茨城県史研究』四三　一九七九
「東国史の舞台としての利根川・常陸川水脈」　小笠原長和　『関東中心戦国史論集』所収　名著出版　一九八〇
「古利根川の中世水路関」　遠藤忠　『八潮市史研究』第四号　一九八二
「幻の伊勢神領」　峰岸純夫　『千葉史学』第四号　一九八四
「古隅田川地域史における中世的地域構造」　鈴木哲雄　『千葉史学』四号　一九八四
「中世東国の水運について」　峰岸純夫　『国史学』第一四一号　一九九〇
「中世東国と太平洋海運」　綿貫友子　『六浦文化研究』第二号　一九九〇
「川・二つの側面―水害と舟運―」　猪瀬哲男　『八潮市史研究』第九号　一九九一

「中世東国の水運史研究をめぐって」　峰岸純夫　『歴史評論』五〇七　一九九二
『利根川読本』　山本鉱太郎編　一九九二　崙書房
『利根川三二二キロの旅』　上毛新聞社他編　一九九七　上毛新聞社
『アサヒグラフ別冊・関東学発見』　鮎川高編　二〇〇〇年六月二五日号　朝日新聞社
『アーバンクボタ一九号・特集利根川』　久保田鉄工　一九八一

『利根川の東遷』　国土交通省関東地方整備局利根川上流工事事務所
『利根川の治水と利水』　国土交通省関東地方整備局　二〇〇一
『利根川』　国土交通省関東地方整備局利根川上流工事事務所
『直轄河川防御対象氾濫区域図（利根川上流部）』　国土交通省関東地方整備局利根川上流工事事務所　一九九一
『みんなで利根川を好きになる本（治水編1）』　建設省関東地方建設局利根川上流工事事務所
『利根導水事業の概要』　水資源開発公団利根導水総合管理所　一九八〇
『江戸川流頭部分流施設概要』　建設省関東地方建設局江戸川工事事務所
『利根川決潰』　建設省関東地方建設局利根川上流工事事務所
『水害の記録（関東地方）』　建設省関東地方建設局発行河川環境管理財団
『わたらせ』　建設省関東地方建設局渡良瀬川工事事務所　一九八三

『常設展示図録』　千葉県立関宿城博物館　一九九八
『研究報告』　一号～七号　千葉県立関宿城博物館
『下総之国図』　船橋市立西図書館蔵
『大日本博覧図栃木県之部』一八九〇　〈一九八五　あかぎ出版（復刻）〉
『年表　利根川東遷事業（河川改修）の経過』　沢口宏　二〇〇三

あとがき

鉱毒事件や田中正造にゆかりのある、利根と渡良瀬にはさまれた地で生きてきた私は、渡良瀬川鉱害シンポジウムを主催して三〇余年、渡良瀬川研究会や、渡良瀬川にサケを放す会を創設してきました。そして、田中正造と鉱毒事件を学ぶなかで、渡良瀬川と利根川にも関心を深めてきました。

小学生のころ、利根川の岸辺で、荷舟に乗せてもらったかすかな記憶や、カスリーン台風の大水害に、濁流を渉りおえた鮮明な想い出もあります。その後、『利根川』（飯島博著）に親しみ、『利根川と淀川』（小出博著）を手にして、大いに啓発され、『利根川治水の変遷と水害』（大熊孝著）を座右の書として、現在に至りました。『田中正造全集』をひもときながら、谷中村跡・渡良瀬川畔を徘回する間に「渡良瀬川の変遷」と題して、原稿をまとめてみたのが、一九八五年頃でした。本にできぬままに、『江戸の川・東京の川』『江戸はこうして造られた』（鈴木理生著）に刺激され、小笠原長和・峰岸純夫・網野善彦ほか多数の論考にも学ぶところがありました。一方、利根川上流工事事務所関係のパンフ、なかんずく膨大な『利根川百年史』は役立ちました。そこで、棚上げ原稿を、全面的に書き改めざるを得なくなりました。

ポイントは、関宿逆川でした。縄文時代に想いを馳せたり、「関宿城絵図」や「国絵図」にある逆川＝利根川に仰天して、吉田東伍の論考を読み込んで、既成概念を砕いたりしました。船橋市立図書館蔵「下総之国図」を永池幸雄さんに示されたときは、まさに我が意を得たおもいもしました。『家康はなぜ江戸を選んだか』や『アーカイブス利根川』にも得るところがありました。その他の著作物にもずいぶん学びました。

つくづく思ったのは、旧来の著作物は、ほとんど利根川治水史で、利水史ではなかったことでした。小出博は、利水が先で、治水が後追いだと訓えています。私は利水（主として水運）から利根・渡良瀬を見直すことにして、書き直す作業に徹しました。

二〇〇二年末には、やっとまとまったので随想舎の石川栄介さんにみてもらったところ、いくつも不備な点を指摘されたので、もう一度稿を改めることにしました。手間どっている間に時はすぎ、老化とのたたかいを強いられるようになりました。また、たのみとする知友をうしない、一〇三歳の母を看取り、愛弟に先立たれるなど続き、筆を措かざるを得ない時が、しばしばありました。石川さんには、辛棒強く、待ってもらうほかありませんでした。

息切れしながらも、ようやくまとめました。東流・東遷に限定し、流域の「開発」にはとても筆が及びませんでした。拙文ですが、少しは利根川・渡良瀬川に関して役立つことを願い、多くの方々の学恩を謝し、そして活かしきれない憾みをいだきながらも、ようやく発刊することにしました。あらためて石川栄介さんに感謝します。

二〇〇四年五月

布川　了

[著者紹介]
布川　了（ふかわ　さとる）

1925年、群馬県邑楽町に生まれる。
田中正造研究の草分けともいうべき渡良瀬川研究会を1973年に結成、代表幹事として運動を推進する。地元の正造研究団体の顧問を務めるなど、多方面に活躍中。

[主要著作]
『足尾銅山鉱毒史』『亡国の惨状』（共著）『田中正造と足尾鉱毒事件を歩く』『田中正造　たたかいの臨終』『田中正造と天皇直訴事件』そのほか『田中正造と足尾鉱毒事件研究1〜13』に論文多数掲載。

住所　群馬県館林市尾曳町14−55
電話　0276（72）1892

田中正造と利根・渡良瀬の流れ―それぞれの東流・東遷史

2004年7月15日　第1刷発行

著　者●布川　了

発行所●有限会社　随想舎
〒320−0042 栃木県宇都宮市材木町 3−3
TEL 028(633)0489　FAX 028(633)0463
振替 00360−0−36984
URL=http://www.zuisousha.co.jp/　E-Mail=zui@zuisousha.co.jp

印　刷●モリモト印刷株式会社

装丁＝田尻雅文

定価はカバーに表示してあります／乱丁・落丁はお取りかえいたします

ISBN4-88748-100-4